飞机结构图纸识读与常用维修手册使用

（第2版）

虞浩清　姜泽锋 ◎ 主编
庄　华　李家宇　辛　新 ◎ 编著

清华大学出版社
北京

内 容 简 介

本书是根据飞机结构修理专业人才培养方案而编写的。全书分为3个学习情境：第1个学习情境为工卡的认知及使用，主要介绍工卡的类型、工卡的项目和内容、签署工卡的注意事项以及维修记录的保管；第2个学习情境为飞机结构图纸的识读，主要介绍波音飞机结构图纸的类型、波音飞机结构图号、图纸内容及其识读、零件清单内容及其识读；第3个学习情境是飞机维修手册和技术文件的使用，主要介绍飞机结构修理手册、飞机维修手册和其他常用飞机维修手册简介等内容。

本书可作为飞机结构修理专业、飞机机电专业的基础教材。除此以外，本书还可作为民用航空器维修单位、"147学校"等培训机构的基础培训教材，以及民用航空器机电维修和结构修理基础执照培训的参考教材。

本书封面贴有清华大学出版社防伪标签，无标签者不得销售。
版权所有，侵权必究。举报：010-62782989，beiqinquan@tup.tsinghua.edu.cn。

图书在版编目（CIP）数据

飞机结构图纸识读与常用维修手册使用/虞浩清，姜泽锋主编；庄华，李家宇，辛新编著．—2版．—北京：清华大学出版社，2013（2025.1重印）
 ISBN 978-7-302-33793-5

Ⅰ. ①飞… Ⅱ. ①虞… ②姜… ③庄… ④李… ⑤辛… Ⅲ. ①飞机-结构图-识别-技术手册 ②飞机-维修-技术手册 Ⅳ. ①V22-62 ②V267-62

中国版本图书馆 CIP 数据核字（2013）第 204125 号

责任编辑：钟志芳
封面设计：刘 超
版式设计：文森时代
责任校对：马军令
责任印制：宋 林

出版发行：清华大学出版社
　　　　网　　址：https://www.tup.com.cn, https://www.wqxuetang.com
　　　　地　　址：北京清华大学学研大厦 A 座　　邮　　编：100084
　　　　社 总 机：010-83470000　　邮　　购：010-62786544
　　　　投稿与读者服务：010-62776969, c-service@tup.tsinghua.edu.cn
　　　　质量反馈：010-62772015, zhiliang@tup.tsinghua.edu.cn
印 装 者：三河市少明印务有限公司
经　　销：全国新华书店
开　　本：180mm×230mm　　印　　张：10.25　　字　　数：178千字
版　　次：2009年9月第1版　2013年8月第2版　　印　　次：2025年1月第16次印刷
定　　价：49.00 元

产品编号：055988-02

前　言

　　本教材是根据广州民航职业技术学院的"飞机结构修理专业人才培养方案"和"飞机结构图纸识读与常用维修手册使用"课程标准编写的。

　　识读工卡、识读飞机结构图纸、查阅和使用常用飞机维修手册是飞机结构修理技术人员必备的基本技能，同时也是飞机机电维修技术人员必备的基本技能。工卡的素材来源于中国南方航空公司和广州飞机维修工程有限公司；飞机结构图纸和维修手册则以波音飞机结构图纸和手册作为教学内容。本教材遵循职业教育规律，通过3个学习情境分别介绍工卡、飞机结构图纸和常用维修手册的内容及其识读，结合学习和实践，使学生掌握上述3部分基本技能。

　　本书的第2和第3个学习情境，自2002年起就一直作为广州民航职业技术学院飞机结构修理专业"典型飞机结构修理"课程的主要内容。在国家示范性高等职业院校立项建设单位及其重点专业建设中，广州民航职业技术学院重构专业课程体系，将识读工卡、识读飞机结构图纸和查阅、使用常用飞机维修手册这3项内容构成"飞机结构图纸识读与常用维修手册使用"课程进行教学。

　　本书由广州民航职业技术学院的教师和广州飞机维修工程有限公司的工程师共同编写，是校企联合的智力成果。参加本书编写的人员有：广州民航职业技术学院的李家宇和广州飞机维修工程有限公司结构修理车间的辛新（学习情境1）；广州民航职业技术学院的虞浩清（前言、2.2节、3.1～3.3节）；广州飞机维修工程有限公司机务工程部的姜泽锋（2.3～2.5节和3.4～3.5节）；广州民航职业技术学院的庄华（2.1节）；教材封面摄影辛新。全书由虞浩清统稿，由虞浩清和姜泽锋主编。

　　本教材由中国民航局特聘结构专家、广州飞机维修工程有限公司维修工程部副总工程师赵日升高级工程师主审，在审稿过程中，他为本书的编写提出了许多改进意见，在此表示衷心感谢。

　　本书在编写过程中得到了广州飞机维修工程有限公司维修工程部结构工程师们的大力支持，在此表示衷心感谢。另外，广州飞机维修工程有限公司高检与生产控制部副经理陈建纲和林益平工程师为本教材的编写提供了资料和实例，在此一并表示感谢。

　　限于作者的知识水平和经验，书中难免存在错漏和不妥之处，恳请读者、同行批评指正，以便于本书在今后修订过程中的改进。

编　者

目 录

学习情境 1　工卡的认知及使用 1
　1.1　概述 1
　1.2　工卡的认知与使用 2
　　　1.2.1　例行工卡的认知与使用 2
　　　1.2.2　非例行工卡的认知与使用 5
　1.3　维修记录的保管 10
　　　1.3.1　《民用航空器维修单位合格审定规定（CCAR-145R3）》
　　　　　　中关于维修记录的规定 10
　　　1.3.2　维修工作施工过程特殊情况处理 11
　复习思考题 13

学习情境 2　飞机结构图纸的识读 15
　2.1　第三角投影认知 15
　2.2　飞机结构图纸认知 17
　　　2.2.1　飞机工程图纸系统的组成、图纸类型和作用 17
　　　2.2.2　飞机结构图纸认知 19
　　　2.2.3　飞机结构图纸图形表达认知 27
　　　2.2.4　飞机结构图纸尺寸和技术要求的识读 36
　　　2.2.5　飞机识别码的认知 44
　　　2.2.6　飞机结构图纸零件清单的认知与识读 49
　　　2.2.7　飞机结构图纸修订系统（Drawing Revision System） 58
　　　2.2.8　其他类型图纸的简介 62
　　　2.2.9　波音飞机工程图纸用到的工程标准 64
　2.3　飞机结构零件图的识读 65
　2.4　飞机结构组件图的识读 68
　2.5　装配图的识读 68
　复习思考题 71

学习情境 3　飞机维修手册和技术文件的使用 75
　3.1　概述 75
　3.2　"ATA 100 规范"认知 77
　　3.2.1　ATA 100 规范的章节编码规则 77
　　3.2.2　ATA 100 规范章节编号及其主题 78
　3.3　飞机结构修理手册 88
　　3.3.1　飞机结构修理手册的作用 88
　　3.3.2　飞机结构修理手册的编排结构 88
　　3.3.3　飞机结构修理手册扉页内容认知 89
　　3.3.4　飞机结构修理手册正文部分子课题内容及节号的编排 97
　　3.3.5　SRM 细课目内容及目号的编排 102
　　3.3.6　SRM 的使用 103
　　3.3.7　利用 SRM 识别零部件 123
　3.4　飞机维修手册 124
　　3.4.1　概述 124
　　3.4.2　飞机维修手册的编排结构 129
　　3.4.3　飞机维修手册的查阅 135
　3.5　其他常用飞机维修手册简介 137
　　3.5.1　图解零件目录（ILLUSTRATED PARTS CATALOG，IPC） 137
　　3.5.2　腐蚀防护手册（Corrosion Prevention Manual，CPM） 150
　　3.5.3　服务文件 151
　复习思考题 152

参考文献 157

学习情境 1 工卡的认知及使用

1.1 概　　述

工卡（Job Card/Task Card）又称为工作单，是指导飞机维护或者维修工作任务的工艺技术文件。

工卡一般以表格的形式表达，包括工卡号、工卡标题（工作名称）、维修工种、待维修飞机的机型和飞机号待修部件或者系统的名称、维修区域、所需航材、所需专用工具和设备、具体维修工作的内容、步骤、技术要求和工时定额等栏目的内容。

工卡是飞机维修人员进行飞机维护和修理工作的主要依据。飞机维修人员在接受工作任务拿到工卡后，必须全面准确地理解工卡的内容。工作时，飞机维修人员必须携带工卡，并且按照工卡规定的顺序、工作内容和要求，逐项施工和逐项签署。

通常，民航飞机维修单位的工卡站负责所有工卡的发放、回收和整理归档工作。

民航飞机维修工卡有例行工卡（Routine Card，RC）和非例行工卡（Non-Routine Card，NRC）两大类。例行工卡是针对民航飞机规定的例行维护检查和修理项目而编制的工卡。另外，航空公司在接收到民航局或航空器制造商的工程指令（Engineering Order，EO）、服务通告（Service Bulletin，SB）和服务信件（Service Letter，SL）等信息时，根据其信息内容与要求而编制的工卡，也属于例行工卡。对机组人员报告的飞机故障和损伤，或者在实施例行工卡的工作过程中发现或出现的飞机故障和损伤而编制的工卡通常称为非例行工卡。

一部分例行工卡是由航空器制造商提供的，另一部分例行工卡是由航空公司自己编制的。自编的飞机维修工卡应符合中华人民共和国民用航空行业标准《民用航空器维修 管理规范 第 4 部分：民用航空器维修工作单（卡）的编制（MH/T3010.4-2006）》的规定与要求。通常，航空公司分两步来编制例行工卡。首先，航空公司根据航空器制造商提供的飞机维护计划手册（Maintenance Planning Data，MPD），结合自身飞机使用情况和使用环境制定出飞机维修方案（Maintenance Schedule，MS）。飞机维修方案须经民航局适航部门批准，一旦获准，该飞机维修方案即成为航空公司例行飞机维修工作的法定文件。其次，再根据飞机维修方案，编制相应检修项目的例行工卡。通常，航空公司会在其工程部门或者生产计划部门成立专门的计划工程小组，负责例行工卡的编写、修订和维护。航空公司生产计划部门根据飞机不同的维修定检级别确定其相应的检修项目并打印出工卡组成特定的定检工作包，下发车间投入并生产。

非例行工卡通常由航空公司维修单位的工程技术人员或者被授权的人员根据机组人员反映的飞机故障或损伤以及维护与修理过程中检测发现的飞机故障或损伤而临时编写的。在航线排故、串件、换发等情况下，非例行工卡也可由车间的生产计划员或生产控制员编写。如果某航空公司机队有多架飞机在维修过程中有相同的非例行工卡，适航当局则会要求该航空公司将此类非例行工卡编制成例行工卡。

我国民航飞机维修单位的工卡通常采用中英文对照的形式编写。但是，根据需要，工卡也可采用全英文或全中文的形式编写。例如维修美国航空公司的飞机，其工卡采用全英文编写。

1.2 工卡的认知与使用

1.2.1 例行工卡的认知与使用

1. 例行工卡的认知

例行工卡是标准工卡，其格式基本统一。某航空公司的例行工卡，如图 1-1 所示。

例行工卡由标题栏和工作内容栏两大栏目组成。标题栏主要包括例行工卡号、维修工种、维修部件或系统的名称、机型、飞机号、工作指令号、工作指令日期、维修间隔时间、额定维修工时、停场时间、修订时间、修订版本、工卡编写或修订者、审核或批准者、站位、维修区域和接近盖板等细栏目的内容。工作内容栏主要包括工卡标题、维护所需的工具设备、部件和航材、具体的维护工作内容、施工者签名栏、检验员签名栏和飞机适用范围等细栏目的内容。

机型由飞机制造厂家定出，常用大写英文字母和阿拉伯数字组合来表示。例如，美国波音公司（The Boeing Company）生产的波音系列 B737、B747、B757、B767、B777 和 B787 等型号。又如，欧洲空中客车公司（Airbus）生产的空客系列 A300、A310、A319、A320、A330、A340 和 A380 等型号。

					A/C Type 机型：	B737
XYZ 航空公司					A/C Tail No. 飞机号：	B-2647
					Maint. Station 维修站：	
					Work Order 工作指令号：	
Critical Task 关键任务					Workorder Date 工作指令日期：	
Job Card 工卡号：		General airplane mechanic		LEFT ENGINE	Print Date 打印日期：	
XYZ 0101010		机械		左发	JC SEQ No. 顺序号：	
Interval 间隔	Repeat 重复	Man Hours 工时	Labor 人力	Elapsed 停场时间	Revision 修订	Version 版本	Written/Revised By 编写/修订
2000 HRS	5000 HRS				NN-YY-DD	R1	张 三 NN-YY-DD
Station 站位		Stringer 桁条		Related Card 相关工卡	Manufacturer Card 厂家工卡		Reviewed/Approved By 审核/批准
N/A		N/A		N/A	XYZ-010-01-01		李 四 NN-YY-DD
Zone 区域			Access Panel 接近盖板			MRS No. MRS 号：	
411			413 414			XY-11-001	
JC Title 工卡标题		REPLACE - THE LEFT ENGINE FUEL FILTER 更换 - 左发燃油滤				Mech. 机械员	Insp 检验员
■ Tools & Equipment 工具和设备：							
■ Parts & Material 部件和航材：							
■ Work Content 工作内容：							
Aircraft Effectivity 飞机适用范围： ALL						Page 页码 1 of n	

图 1-1 XYZ 航空公司飞机维修例行工卡

飞机号又称为飞机注册号，由国籍标志、登记标志和在这两个标志之间的一短横线组成。飞机号的表达形式为：国籍标志-登记标志。国籍标志是识别民航飞机国籍的标志。国籍标志是由国际民航组织 ICAO（International Civil Aviation Organization）规定分配给某一个国家或者地区的，并且规定用大写拉丁字母或者大写拉丁字母与阿拉伯数字的组合来表示。中国民航飞机的国籍标志是 B。登记标志是航空器登记国在航空器登记后给定的标志。登记标志用阿拉伯数字或者阿拉伯数字与大写拉丁字母的组合来表示。目前，中国民航飞机的登记标志采用 4 位阿拉伯数字表示。例如，中国南方航空股份有限公司（China Southern Airlines Company Limited，简称"南航"）首架空中客车 A380 飞机的飞机号为 B-6136，B 为中国的国籍标志，表示该飞机是在中国注册登记的，6136 为登记标志。飞机号是标识具体某一架飞机的唯一的标志。飞机维修人员根据工卡，以飞机号来确定所要维护或维修的飞机。

例行工卡又分为必检例行工卡和非必检例行工卡两类。必检例行工卡和非必检例行工卡采用同一种例行工卡的形式。必检例行工卡中含有必检项目，必检项目用 RII（Requiered Inspection Item）表示。据此，可判定该例行工卡是否为必检例行工卡。

每份例行工卡还附有飞机维护不适用（Non-applicable，N/A）原因说明页。飞机维护不适用原因说明页对维护工作中出现的飞机构型不符和与工卡所描述的状态不符等内容进行说明。某航空公司的飞机维护 N/A 原因说明页的样例，如图 1-2 所示。

2. 例行工卡的使用与签署

当飞机维修人员接受任务拿到工卡后，要仔细阅读工卡，明确待维护修理的飞机或部件及其维修内容，并且依据工卡的维修内容和要求做好维修前的准备工作，如准备工具、设备、航材或静电防护等。维修人员必须把工卡带到维修施工现场，严格按照工卡逐项施工。维修人员每完成一个项目或者工序就应按规定签署工卡。切忌全部工作完成后一次性签署工卡上所有的栏目。签署工卡应符合中华人民共和国民用航空行业标准《民用航空器维修 管理规范 第 7 部分：民用航空器维修纪录的填写（MH/T3010.7-2006）》的规定与要求。签署工卡就是在工卡相应的栏目里签署施工者的姓名、日期以及视要求记录相关的信息，例如，记录损伤的深度和面积尺寸等。对于重要的修理或者做完工作后无法检验的工步还要请检验员到现场跟踪检验。检验合格后，再进行下一步工作。

施工的过程中，飞机维修人员如果发现工卡存在问题应及时与工卡编写者取得联系。施工者不得擅自变动工卡的内容。

Job Card 工卡号：	XYZ 0101010
JC Title 工卡标题	REPLACE - THE LEFT ENGINE FUEL FILTER 更换 - 左发燃油滤

飞机维护 N/A 原因说明页
N/A DESCRIPTION PAGE FOR AIRCRAFT MAINTENANCE

工卡页码 PAGE NO	项目号 ITEM NO	N/A 原因 N/A REASON					签名 SIGNATURE
		1	2	3	4	其他 Other	

注/NOTE
1. 飞机构型不符（所装部件或飞机流水号不符等）；
   Non-applicable Aircraft configuration (with different components installed, or different aircraft line number);
2. 与工卡所描述的状态不符，指选择类项目中不必进行的步骤；
   Non-applicable status as specified in the task card, it means the steps unnecessary to be implemented include in the selective items;
3. 施工方法选择不同；
   Different implementation method is chosen;
4. SB 状态不符。
   Non-applicable SB status.

END OF CARD

Aircraft Effectivity 飞机适用范围 All	Page 页码 x of n

图 1-2　飞机维护 N/A 原因说明页

1.2.2　非例行工卡的认知与使用

1. 非例行工卡的认知

非例行工卡有必检非例行工卡和非必检非例行工卡两类。判断必检非例行工卡和非必检非例行工卡的方法是观察非例行工卡的右上角 RII 和 NON-RII 方框内打"√"的情况。如果某非例行工卡的 RII 方框内打"√"，则该非例行工卡是必检非例行工卡，反之则为非必检非例行工卡。必检非例行工卡和非必检非例行工卡采用同一种非例行工卡模式。非例行工卡通常由白、黄、红、蓝一式 4 联组成。某航空公司的非例行工卡样例和形式如图 1-3 所示。

XXYYZZ NON-ROUTINE CARD 非例行工卡

CUST. 客户		A/C NO. 飞机号		ZONE 区域		SEQUENCE NO. 顺序号		PAGE OF 第 页 共 页
A/C WORK ORDER NO. 飞机工作指令号			CROSS REF.NO. 相关工卡或 EO 号			CHECK TYPE 检查类别		
RAISED BY 开卡人		DATE 年/月/日		REPAIR SCHEME ATTACHED 是否修理方案页 YES 是 ☐ NO 否 ☐				RII ☐ NON-RII ☐
STRUCTURE REPAIR 是否结构修理 YES 是 ☐ NO 否 ☐				CAUSE OF DAMAGE 损坏原因	☐CORROSION 腐蚀 ☐FATIGUE CRACK 疲劳裂纹 ☐OTHER 其他			
DISCREPANCY 缺陷				件号 P/N:		序号 S/N:		
CHINESE 中文								
ENGLISH 英文								

MAINTENANCE ACTION 维修措施	ACT MHRS 实际工时	MECH. 工作者	INSP. 检验员
STEP 1 步骤 1			
ENGLISH 英文		DATE 年/月/日	DATE 年/月/日
STEP 2 步骤 2			
ENGLISH 英文		DATE 年/月/日	DATE 年/月/日
STEP 3 步骤 3			
ENGLISH 英文		DATE 年/月/日	DATE 年/月/日
STEP 4 步骤 4			
ENGLISH 英文		DATE 年/月/日	DATE 年/月/日

PSE 重要结构件 YES 是 ☐ NO 否 ☐	ORIGINAL DIMENSION（THK/DIA，etc）结构件原尺寸（厚度/直径等）		DIM.AFTER REPAIR 修理后尺寸
WITHIN LIMIT 允许极限内 YES 是 ☐ NO 否 ☐	REPAIR REFERENCE 修理参考		FAA FORM 8110-3 or 8100-9 表 FAA 8110-3 或 8100-9 YES 是 ☐ NO 否 ☐
MAJOR REPAIR 重大修理 YES 是 ☐ NO 否 ☐	EXTERNAL REPAIR 外表修理 YES 是 ☐ NO 否 ☐		SIGNATURE/DATE 签名/年/月/日

CUSTOMER AUTHORIZATION SIGN&DATE 客户授权人签署与日期(年/月/日)			EST TOTAL MHRS 预计总工时			TOTAL MHRS INCURRED 总工时
1st	2nd	3rd	1st	2nd	3rd	

DEFERRAL NO. 保留号		FINAL INSP. SIGNATURE & STAMP 终检签署盖章	

The work specified above was carried out in accordance with current civil aviation regulations.
声明以上工作符合现行的民用航空规章． ☐CCAR ☐FAR ☐EASA ☐OTHER ______

REPAIR STATION CERTIFICATE NO 维修许可证号：CHINA CAAC D.3001　U.S. FAA GJPY002L　EASA 145.0070　FP1110-03FA

白页 White：客户 Customer　黄页 Yellow: QS 档案组 Record Group　红页 Red：工时组 Manhour Group　蓝页 Blue：工卡站 Control Booth

图 1-3　XYZ 航空公司飞机维修非例行工卡

必检非例行工卡中含有必检项目，必检项目用 RII 表示。某飞机维修工程有限公司对必检项目的定义是这样的，RII 项目是指由于维修不当或使用不适当的零部件、材料可能导致系统失效、故障或缺陷，从而危及飞行安全的项目，如飞行操纵系统、起落架系统、发动机系统、重大结构修理、应急系统以及与适航规章相关的项目等。必检非例行工卡必须由公司授权的 RII 检验员逐项检验、盖章，而且所有项目检验后，检验员要在"终检签署盖章"处盖章并签字。

非必检项目是指 RII 项目以外的所有项目。

所有机库定检中的非必检非例行工卡必须接受检验员的最终检查，检查确认非例行工卡填写准确并已正确完成后，检验员应在非例行工卡的"终检签署盖章"处盖章并签字。

如前所述，已知非例行工卡是一式 4 联，当非例行工卡开出后，先将蓝色页撕下，送交给生产控制部门保存备用，白、黄、红 3 联一起交工作者使用。工卡上的工作项目完成后，生产控制部门（工卡站）收回工卡，并将工卡页分类归档。非例行工卡的白色页交给客户，黄色页交质量保障部门的档案组保存，红色页交工时组统计工时。

2．非例行工卡的填写和签署

非例行工卡的使用方法与前述例行工卡的使用方法相同。维修人员必须把工卡带到维修施工现场，阅读并正确理解非例行工卡的内容，严格按照工卡逐项施工和逐项签署。

一般情况下，非例行工卡按表 1-1 填写并签署，若维修步骤具有特别要求，应按维修步骤的要求填写。

表 1-1 XYZ 航空公司非例行工卡填写说明

项 目 名 称	填 写 要 求	填 写 人
客户、区域、开卡人	日期：对于 CAAC 注册的飞机，填写规范为"年/月/日"，如 2000/10/20。特殊情况以客户要求为准，对于非 CAAC 注册的飞机，日期按客户要求填写	开卡人
飞机号 A/C NO.	完整填写飞机注册号（如 B-2526）	开卡人
飞机工作指令号 A/C WORK ORDER NO.；顺序号 SEQUENCE NO.；检查类别 CHECK TYPE	按具体情况填写	生产控制员

续表

项目名称	填写要求	填写人
相关工卡或 EO 号	如有可追循的例行工卡或 EO，填写相关的号码；如果没有，则填写 None 或 Customer Requirement 以便跟踪	开卡人
是否结构修理	结构修理手册 SRM 中定义的结构件、32 章起落架中的部件和 72 章风扇整流罩以及 78 章反喷中的结构件中有材料缺损的部件修理	开卡人
第 页共 页	按非例行工卡附页的数量编号并填写	检验员
件号、序号	只在涉及部件拆卸并需要送车间修理时填写	维修机械员
缺陷	准确描述故障、缺陷，至少应包括缺陷位置、缺陷的损伤程度等要素。说明：（1）属于结构修理的非例行工卡中的故障、缺陷描述必须使用 STA/STR/WL/BL 等结构数据来表示；（2）损伤部位位置的描述应由大到小进行叙述	开卡人
RII、Non-RII	按所列的原则确认并在相应的方框内打"√"	开卡人
维修措施	描述内容包括维修的工作内容、工作的依据等，反映维修状况的主要资料	工程师 工艺工程师 机械员
机械员	逐项执行并签署	授权机械员
检验员和终检签署盖章	必检类的由持有 RII 授权的检验员（航线可由放行人员）逐项检查和盖章，并在"终检签署盖章"栏内盖章并签字以表示关闭；非必检类的由公司授权的检验员（航线可由放行人员）在"终检签署盖章"栏内盖章并签字表示关闭 说明：只有在确认所有维修工作已按要求完成，并且非例行工卡的填写和签署工作已按本程序执行时，才能在"终检签署盖章"栏处盖章并签字	RII 授权的检验员（航线可由放行人员执行）

续表

项目名称	填写要求	填写人
结构修理信息	所有定为"结构修理"的非例行工卡，此栏中的"是否重要结构件"信息，必须作出判断并打"√"： ● 判定为非重要结构件的非例行工卡，其他修理信息不必填写，只需划上斜线并签名 ● 对于判定为重要结构件的非例行卡 ➢ 如果重要结构件仅仅进行了打磨和修理，此栏中所有信息都应填写 ➢ 如果重要结构件切割了损伤部分，进行了加强修理，除"修理后尺寸"外，其他信息应该填写 ➢ 超出 SRM 的重要结构件的修理，应在"表 FAA 8110-3 或 8100-9"内打"√"以便跟踪 ➢ 修理参考。应填写波音电传号（如果有）或 SRM 等参考文件	工程师 工艺工程师
实际工时		工艺工程师 机械员
预计总工时	由相关专业的主任或领班根据初步预计的总工时填写在 1st 栏内；如果在维修过程中，必须修改 1st 预计总工时，在 2nd 栏填写修改的预计总工时；如仍需修改，则在 3rd 栏填写第 3 次预计总工时	主任 领班
客户授权人签署与日期	客户须在"客户授权人签署与日期"栏中进行确认，对"第一次预计总工时"的确认，须在相对应的 1st 栏签名、填写日期；对"第二次预计总工时"的确认，须在 2nd 栏中确认，以此类推	客户
总工时	如无须向客户收费，"总工时"栏填 NC。如 NRC 是重卡不必执行或已有其他工卡涵盖了该项工作内容时，总工时栏内填写 0，并在附近签名或盖章	生产控制员

续表

项目名称	填写要求	填写人
保留号	由于航材或其他原因需保留的非例行卡，由生产控制员按办理非例行工卡保留手续，由生产部门填写非例行卡上的保留控制号	生产控制员 生产部门
声明以上工作符合现行的民用航空规章（CCAR FAR EASA OTHER）	在上述维修工作符合相关的航空规章对应的方框内打"√"	开卡人

1.3 维修记录的保管

1.3.1 《民用航空器维修单位合格审定规定（CCAR-145R3）》中关于维修记录的规定

维修记录是表明航空器适航性状态和落实航空器适航性责任的记录，包括但不限于：对航空器及航空器部件所进行的任何检测、修理、排故、定期检修、翻修和改装等不同形式维修工作的记录，对航空器或其部件完成了规定维修工作的证明性材料，工具设备的校验记录和落实适航性管理责任的各类文件，如职能程序中规定的表格。

《民用航空器维修单位合格审定规定（CCAR-145R3）》中第 32 条规定，维修单位的维修记录应当符合下列规定。

（1）维修工作应当保证记录完整。维修记录至少应当包括填写完整的工作单卡、发现缺陷及采取措施记录、换件记录及合格证件、执行的适航指令和服务通告清单、保留工作、测试记录、维修放行证明等。航空器重要修理和改装工作应当填写《重要修理及改装记录》。

（2）维修记录应当按照下列规定记录：

① 同一工作的记录应当使用统一的单卡或表格，除国外/地区送修客户提出要求和某些自动生成的测试记录可使用英文外，国内维修单位的维修记录应以使用中文为主；国外/地区维修单位的维修记录（除工作单卡外）应以采用英文为主；

② 维修记录可以使用书面或计算机系统记录的形式。使用书面形式的，

应当保证纸张在传递和保存期间不致损坏；使用计算机系统记录的，应当保证信息能有效传递并建立与人员授权匹配的操作权限控制系统；

③ 对于书面维修记录，应使用钢笔或圆珠笔填写。填写的内容应当准确、清晰和简洁。如有测试数据，则应当填写实测值。任何更改应当经授权人员签署。

（3）维修记录完成后应当按照下列规定保存：

① 维修记录应当避免水、火、丢失等造成的损失；使用计算机系统保存维修记录应当建立有效的备份系统及安全保护措施，防止未经授权的人员更改；

② 维修记录应当至少保存 2 年，航线维修工作的记录应当至少保存 30 天；

③ 维修单位应当采用有效的措施，使有关记录在毁坏后能够通过其他渠道恢复；

④ 维修单位终止运行时，其在运行终止前 2 年以内的维修记录应当返还给相应的送修人。

根据该民航法规，国内各民航飞机维修单位一般都制定出本单位具体而又详细的规则，以便执行。

例如，某单位对于维修记录的填写，规定应使用黑色钢笔或圆珠笔填写，要求字迹工整、清晰可辨。填写的内容应当准确和简洁，并保持版面整洁。维修记录的所有栏目都应填写，除非特别说明，否则不得留空，无需填写的内容用斜线划掉，不适用的内容应注明 N/A 及原因。对于维修记录的保存，有如下要求：航线完成的 AD/SB/SL/EO 执行记录、航线完成的排故/修理类非例行卡、航线完成的 A 检工作包、放行记录、机库完成的维修工作包和飞行记录本等维修记录通常保存二年，而按 EASA145 放行的，则需保存三年；航线工作单卡（A 检以下）保存一年。当对填写错误的维修记录进行修正时，将错误的记录用一条线从中划去，再在附近重新填写正确内容，然后写下修改日期并进行签署。

🔔 注意

修改维修记录必须保持被修改的记录内容清晰可见。

1.3.2　维修工作施工过程特殊情况处理

1. 工卡/手册错误反馈

如果维修人员发现工卡中存在错误，则应按《维修记录的填写与签署》的要求填写《工卡/EO 反馈单》，然后交由工程部文件管理组处理。《工卡/EO 反馈单》的样例如图 1-4 所示。

```
《工卡/EO 反馈单》
TASK CARD/EO FEEDBACK SHEET
当工作者发现例行工卡/EO 的划线或其他内容需要修正时，请填写此单上联
WHEN THE MECHANIC FINDS THE ROUTINE CARD/EO LINEATION OR OTHER CONTENTS NEEDS REVISION,
PLEASE FILL IN THE FIRST PART OF THIS SHEET
```

飞机号 A/C NO.	工作指令号 W/O NO.	工卡/EO 号 JOB CARD/EO NO.	工卡/EO 版本号/修订日期 CARD/EO VERSION NO./DATE
维修部门 MAINT. DEPT.	工作者 MECHANIC	日期 DATE	主任 SUPERVISOR

问题描述
PROBLEM DESCRIPTION

建议（若有）
SUGGESTION (IF HAVE)

下列内容由计划工程部/工程部填写
THE PE DEPT./ENGINEERING DEPT. FILLS IN THE FOLLOWING PART:

致：
TO
　　　　　　您提出的有关工卡、EO　　　　　　的问题已做如下处理：
　　　　　　THE PROBLEM OF RELEVANT TASK CARD/EO　　　　　　PUT FORWARD BY YOU HAS BEEN
HANDLED AS FOLLOWS:

　　　　　　　　　　　　　　　　　　　　　　计划工程部/工程部　　　日期
　　　　　　　　　　　　　　　　　　　　　　PE DEPT./ENG DEPT.　　　DATE

图 1-4　工卡/EO 反馈单

如果维修人员发现手册中存在错误，经主任确认后，应按要求填写《维修资料反馈单》，向工程部门反馈。《维修资料反馈单》的样例如图 1-5 所示。

2. 工卡中的重复步骤

如果某航空公司例行工卡中的特定步骤在本次定检中已根据其他工卡完成，不需要重复工作，则应按要求签写 N/A。N/A 原因应描述为："经确认，该步骤已根据其他工卡完成，并填写相关文件或工卡号"。

如果第三方客户的工卡中出现此类问题，应按客户签批的维修记录签署要求处理。

```
                    《维修资料反馈单》
              MAINTENANCE DATA FEEDBACK SHEET
 当工作者发现(1)维修资料中有不准确的信息.(2)例行工卡/EO的划线需要修正时,请填写此单上联
 WHEN THE MECHANIC FINDS INACCURATE INFORMATION IN MAINTENANCE DATE OF ROUTINE CARD/EO
 LINEATION NEEDS REVISION, PLEASE FILL IN THE FIRST PART OF THIS SHET
```

手册名称 MANUAL DES.	手册文件号 MANUAL DOC.NO.	章节号 CHAPTER NO.	其它 OTHER
飞机号 A/C NO.	工作指令号 W/O NO.	工卡/EO 号 JOB CARD/EO NO.	工卡/EO 版本号/修订日期 CARD/EO VERSION NO./DATE
维修部门 MAINT. DEPT.	工作者 MECHANIC	日期 DATE	主任 SUPERVISOR

问题描述
PROBLEM DESCRIPTION

建议（若有）
SUGGESTION (IF HAVE)

下列内容由计划工程部/工程部/CBC 工艺组填写:
THE PE DEPT./ENGINEERING DEPT./TECHNICL PROCESS GROUP FILLS IN THE FOLLOWING PART:

致：
TO

您提出的有关 THE PROBLEM PUT FORWARD BY YOU ABOU
☐ 的不准确信息 INACCURATE INFORMATION
☐ 工卡/EO 的划线问题 TASKCARD/EO LINEATION
已做如下处理 HAS BEEN HANDLED AS FOLLOWS:

计划工程部/工程部/CBC 工艺组   日期
PE DEPT./ENG. DEPT. /CBC TECH. GROU.   DATE

图 1-5　维修资料反馈单

3. 替代方法的使用

如果由于使用替代工具、按手册施工无法执行或维修人员认为有更好的施工方法等原因，需偏离手册要求使用替代方法施工，则应提交工程部进行评估，如果工程部批准使用替代方法，应由工程部提供具体的批准及指导文件。

复习思考题

1. 工卡的定义及工卡主要有哪些内容？
2. 简述工卡的类型、特点及应用。
3. 如何识别例行工卡和非例行工卡、必检例行工卡和必检非例行工卡？

4．上网查找国际民航组织的航空器国籍标志一览表，并写出其中 5 个国家或者地区的民航飞机的国籍标志。

5．飞机号由哪几项内容组成？它有什么作用？

6．维修人员应该如何正确使用和签署工卡？

7．非例行工卡一式 4 联，简述其各联的归结与作用。

8．写出本章中出现的英文词组的中文意思以及英文缩略词的全称和中文意思

Job Card   Task Card   RC   NRC   EO   SB   SL   MPD   MS   RII   N/A   NON-RII

9．维修记录通常包含哪些内容？

10．填写维修记录有哪些要求？

11．保存维修记录有哪些要求？

12．当发现工卡中存在错误时，应如何处置？

学习情境 2　飞机结构图纸的识读

飞机结构修理技术人员在对飞机结构进行维修、修理和改装等工作时，常常需要识读飞机结构图纸，来获得飞机结构的构成、结构件的尺寸、形状、材料、制造技术要求以及结构件之间的装配关系等技术资料，以便保证修理质量，正确地完成工作任务。

目前，我国民航飞机绝大多数是美国生产的波音系列飞机和以法国为主生产的空客系列飞机。这些飞机结构图纸都是按各自规定的画法绘制的，美国波音飞机图纸是按照波音图纸标准（D-4900）绘制的。美国波音飞机图纸是按第三角投影画法绘制的，而空客飞机图纸则是按第一角投影画法绘制的。第三角投影画法与第一角投影画法都是按正投影原理进行绘制的，两者之间的差异主要体现在视图的位置配置不同，这一点对于学习过机械工程图纸的人来说，稍加练习即可识读。但是，飞机结构图纸，特别是国外飞机结构图纸特有的一些规定仍需要认真学习。

下面以波音飞机结构图纸为例，介绍波音飞机结构图纸系统的组成、图纸类型、图纸零件清单的内容及图纸上常用符号、代码及其注释等内容，并且通过实践帮助读者掌握飞机结构图纸的识读方法。

2.1　第三角投影认知

我国的国家制图标准规定：我国的工程制图采用第一角投影画法。在国际上，有些国家（如美国、加拿大、日本和澳大利亚等）采用第三角投影画法，有的国家或地区允许这两种画法并存。ISO 标准规定第一角投影画法和第三角投影画法等效，即国际间的技术交流可以采用第一角投影画法，也可以采用第三角投影画法。

第三角投影画法是将工件放在第三分角内，即将工件置于投影面之后进行投影绘制视图，投影关系是：人－面－物。而第一角投影是将工件放在第一分角内，即将工件置于观察者与投影面之间，进行投影从而绘制视图，投影关系是：人－物－面。

第一角投影和第三角投影工件位置关系对比如图 2-1 所示。

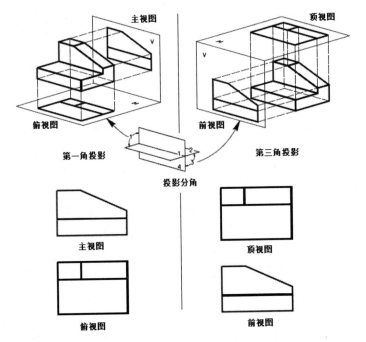

图 2-1　第一角投影和第三角投影工件位置关系对比

第三角投影的 6 个基本视图如图 2-2 所示。

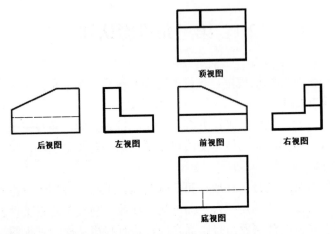

图 2-2　第三角投影的 6 个基本视图

第三角投影画法和第一角投影画法对所要表达的工件都是按正投影原理进行绘制的，因此，二者都符合正投影法的规律，6 个基本视图都保持"长对正、高平齐、宽相等"的投影关系。这两种画法的主要区别是基本视图配置的位置不同。第三角投影画法与第一角投影画法在各自的投影面体系中，观察者、工件、投影面三者之间的相对位置不同，因此，投影展开后得到的 6 个基本视图的配置关系不同。

有的国家或地区允许这两种画法并存，为避免引起误解，需要在图纸标题栏中用规定的符号标明该图纸采用哪种画法。为了便于交流，有时也需要在图纸标题栏中标出所采用画法的标记符号。第三角投影画法的标记符号如图 2-3（a）所示，第一角投影画法的标记符号如图 2-3（b）所示。

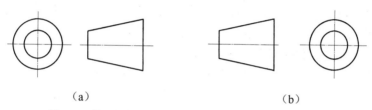

（a）　　　　　　　　　　　　　（b）

图 2-3　第三角投影画法和第一角投影画法的标记符号

2.2　飞机结构图纸认知

2.2.1　飞机工程图纸系统的组成、图纸类型和作用

1. 飞机工程图纸系统的组成

波音飞机公司在制造飞机过程中，需要用到生产图（Production Drawings）、工具图、电气线路图、布线图、逻辑图、模线图和结构（件）图解示意图等各种图纸，这些图纸构成了波音飞机工程图纸体系，这些图也可以总称为波音飞机工程图。

2. 飞机结构图纸的类型

波音飞机生产图中用于表达飞机结构及其构件制造、安装和装配等信息的图纸称为飞机结构图纸。飞机结构图纸又分为零件图、组件图和装配图 3 种类型。

- 零件图（Detail Drawings）是用于表达飞机结构零件的形状、尺寸和技术要求等制造零件所需的全部信息资料的图纸。注意：一张零件图可以只表达一个零件，也可以表达多个零件。另外，有些简单零件和标准件是没有单独的零件图的，它们用标识符号或者图形在组件图或装配图中表达。
- 组件图（Assembly Drawings）是主要用于表达两个或两个以上零件的连接组合与装配信息的图纸。组件图也可表达单个简单零件的制造信息。组件图又可称为组装图。
- 装配图（Installation Drawings）是主要用来表达零件和组件在飞机上的位置及安装等信息的图纸，装配图也能表达简单零件和组件的信息。装配图又可称为安装图。

3. 飞机结构图纸类型的识别

通常，通过识读图纸标题栏中的图纸名称可对飞机结构图纸类型进行识别。如果图纸标题栏中的零部件名称中没有出现 ASSEMBLY 或 ASSY，以及 INSTALLATION 或 STALL 字样，则该图就是零件图；如果图纸标题栏中的零件名称中出现 ASSEMBLY 或 ASSY 字样，则该图就是组件图；如果图纸标题栏中的零件名称中出现 INSTALLATION 或 STALL 字样，则该图就是装配图。

例 1 某一图纸标题栏中的图纸名称为"SKIN PANEL, STA 360 To 540, S-14R To S-24R"（蒙皮，在站位 360～540、桁条 S-14R～S-24R 之间位置），则该图是零件图。又如，某图纸名称为"REAR SPAR-BONDED PART, AILERON"（后梁，副翼），则该图也是零件图。

例 2 某图纸标题栏中的图纸零件名称为"DOOR ASSEMBLY-CREW ENTRANCE"，则该图是组件图。又如，某图纸名称为"TORQUE TUBE ASSY"，则该图也是组件图。

例 3 某图纸标题栏中的图纸零件名称为"BULKHEAD INSTALLATION-BODY STATION 311"，则该图是装配图。又如，某图纸名称为"RIB INSTL-WING STATION934.20 INSPAR RIB NO.29"，则该图也是装配图。

4. 飞机工程图纸的作用

飞机结构图纸主要有以下几个作用：
（1）准确地描述和表达零部件；
（2）用于制造零件、组装组件或者部件和安装飞机结构；
（2）为检测和判断飞机结构及其构件的损伤程度提供依据；
（3）提供装配飞机结构件所需紧固件的信息；
（4）用于订购制造和维修飞机结构的原材料和零部件等。

2.2.2 飞机结构图纸认知

飞机结构图纸由图纸页（Picture Sheets）和零件清单（Parts List）两部分组成。图纸页为图纸系统的图形说明部分，用于表达零部件的形状特征、零部件的尺寸、零件或者组件之间的装配关系和安装位置等。图纸页上绘有足够数量的平面视图，以尺寸、公差和标注符号等充分而又清晰地表达零部件。有的图纸页上还绘有三维视图，使图纸更加容易识读。零件清单以文字形式补充表达各零件的名称、零件图号、材料、修订情况、图纸上的旗标、通用代号标注的注释等内容。

图纸页可能只有一页，也可能有多页。当图样需要用多于一张图纸表达时，该图纸就称为多页图纸。通常，如果一个零部件太大或者太复杂，在一页图纸上画不下，可采用多页图纸。多页图纸以图纸的先后顺序在标题栏中用数字标出，如 SH1、SH2、SH3 等。

图 2-4 所示为某飞机结构图纸，下面以它为例来详细说明图纸的图幅、分区、标题栏、修订栏等内容。

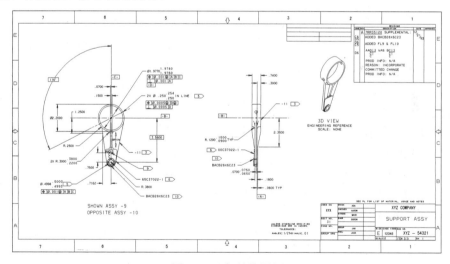

图 2-4　飞机结构图纸

1. 图幅

图幅是指图纸页尺寸的大小。图纸页的大小范围是 8.5×11 英寸～36×138 英寸。在图纸标题栏中，图纸的大小用图纸尺寸的字母代号标注。最常用图纸的尺寸规格及其代号如表 2-1 所示。

表 2-1　最常用图纸的尺寸规格及其代号

图纸尺寸（英寸）	图纸尺寸的字母代号	图纸尺寸的数字代号	相当于我国图纸图幅代号
8.5×11	A	1	A4
11×17	B	3	A3
17×22	C	6	A2
22×34	D	9	A1
34×44	E	5	A0
30×46	F		
36×94 或者 36×138	J	5	

2．图纸分区

（1）绘图分区

图纸的绘图格式已标准化。一张图纸分为 3 个主要的区域：标题栏区、修订区和绘图区。在标题栏区设置标题栏，标题栏的左侧一般标有尺寸通用公差等技术要求。修订区用于填写对图纸修改的内容。绘图区则是绘制结构（件）图形的区域。

（2）识图分区

飞机结构图纸的图纸幅面一般较大，有的结构图分多页绘制。为了便于阅读大张的图纸和多页图纸，通常在图纸页的四周边缘分别用字母和数字将整张图纸划分成若干个小的分区。规定沿图纸的上下边缘按从右向左的顺序用数字标注，沿左右两侧边缘按从下往上的顺序用字母标注。用字母和数字划分的小区域使查找所需零部件或者视图变得更加方便，例如，图 2-4 中所示飞机某组件的主视图在 C6 和 B6 区域。对较小的图纸页也可以不划分区域。

3．标题栏（Title Block）

标题栏总是位于图纸页的右下角。识读图纸，通常应先查看标题栏。常见的标题栏格式如图 2-5 所示。

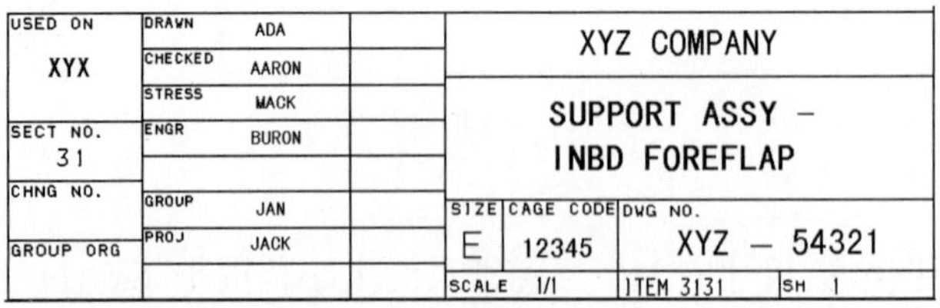

图 2-5　标题栏内容

通常，标题栏包含以下的内容：

（1）图号（DWG NO.）。每个零件或者组件都有自己的图号。图号是识别图纸和将图纸归档最重要的依据。每个公司都有自己的图纸编号的规则和系统。本例图号为 XYZ-54321。

（2）图纸名称（DRAWING TITLE）。此处的图纸名称也称为结构（件）名称，本例中的图纸名称为 SUPPORT ASSY-INBD FOREFLAP，表示这是个支撑组件，用于内侧前襟翼。

图纸标题栏中的图纸名称由基本名称、连字号"-"和修饰语组成。基本名称用于回答"它是什么？"，修饰语用于回答"它有什么用？用在什么地方？"。修饰语常常包含位置信息，如 "left or right, aft or forward, inboard or outboard"（左或右，前或后，内或外）或者其缩略字样。如果修饰语多于一条，则相互用逗号隔开。相同图号的图纸页和零件清单都具有相同的图纸名称。

（3）图纸页码（SH.）。本例为"SH 1"。

（4）绘制比例（SCALE）。比例是指图样中图形与其实物相应要素的线性尺寸之比。波音飞机结构图纸采用"/"或者":"比例符号进行标注比例。常用的比例如表 2-2 所示。

表 2-2　波音飞机结构图纸常用比例

比 例 类 型	比　例　值
全尺寸	1/1 或 FULL
缩小比例	1/2，1/4，1/10，1/20，1/40
放大比例	2/1，4/1
复合比例	NOTED，1/1& NOTED，2/1& NOTED 等

复合比例是指在某一份图纸上采用多种比例绘图，其标注如表 2-2 最后一栏所示。例如，某图的比例栏标注为 1/1&NOTED，表示该图中有的图形是按 1:1 的比例画图，有的图形不按 1:1 的比例画图，不按 1:1 比例绘制的图形要在该图形下面标注所采用的比例。又如，某图的比例栏中填写 NOTED，则表示该图采用多个比例，在每个视图下要标注所采用的比例。

（5）图幅尺寸（SIZE）。图幅尺寸用字母来表示图幅的大小，本例为 E，从前面的表 2-1 可知，该图纸的大小相当于我国的 A0 号图幅。

（6）制造厂家的联邦供应代码（FSCM）或者商业和政府机构编号（CAGE CODE）。这些代码或者编号是由政府分配给每个公司的，美国商务部用其对

（7）基本的飞机型号。基本的飞机型号表明该图纸用于哪种型号的飞机。这一栏位于标题栏的左上角，本例为 USED ON XYX。

（8）飞机的段号（SECT NO.）。飞机的段号表明结构件或者结构组件在飞机中被安装到的位置，本例为 SECT NO.31。

（9）署名栏。在这一栏填写该图初始版本负责人的姓名。

（10）组别（GROUP）。在这一栏填写对该图负责的工程部门的名称。

（11）更改号（CHNG NO.）。它用于核准该图页原始版本的发布。

4. 波音飞机图纸编号系统简介

波音商用飞机部先后设计了"无意义图纸编号系统"（Non-Significant Numbering System）和"有意义图纸编号系统"（Significant Numbering System）两种图纸编号系统用于飞机结构图。无意义图纸编号系统是无规律的图纸编号系统，它是一种旧的图纸编号系统，用于 B707、B727 以及早期制造的 B737-200 和 B747-200 飞机。现行的图纸编号系统是有意义图纸编号系统，是基于波音飞机结构分类文件而开发的有规律的图纸编号系统。这种图纸编号系统首先用于 B757 和 B767 飞机，现在设计的 B737、B747 和 B777 飞机都采用这种图纸编号系统。

（1）有意义图纸编号系统

有意义图纸编号系统采用 8 位字码表示图号，其所编图号的结构为：

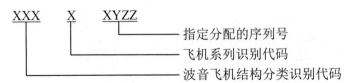

① 波音飞机结构分类识别代码

波音飞机结构分类识别代码由 3 位数字代码组成，其中左起第 1 位字码是主要部件的识别码，用数字 0～9 表示，其含义分别如下：

0—— 集成组装的产品
1—— 飞机各结构部件
2—— 飞机各系统
3—— 推进系统
4—— 有效载荷
5—— 测试、改进与评估

6——客户支持
7——工程设计计算机应用
8——未指定的
9——管理

波音飞机结构分类识别代码的第 2、3 位字码是两位数字,是由波音飞机结构分类文件指定的用于识别主要部件的子组件。飞机结构分类编号系统如图 2-6 所示。

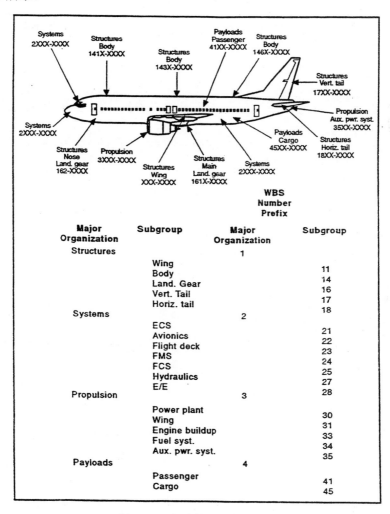

图 2-6 飞机结构分类编号系统

② 飞机系列识别代码

左起第 4 位字码是字母，用于标识该图属于哪种飞机系列。该字母也是指定的，含义如表 2-3 所示。

③ 指定分配的序列号

最后 4 位数字是指定的序列号，它是由工程设计部门通过工程资料控制中心给出的。

表 2-3 飞机系列识别代码

代码	代码含义	代码	代码含义
A	B737	W	B777
U	B747	D	E-6A（预警机）
N	B757	X	非生产图纸/文件
T	B767	Z	新飞机设计

④ 按照有意义图纸编号系统编制的飞机结构图纸的图号示例：

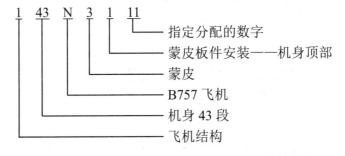

（2）无意义图纸编号系统

按照旧式结构图纸编号系统进行图纸编号的机型有 B707、B727 以及早期制造的 B737 和 B747。无意义图纸编号系统的结构如下：

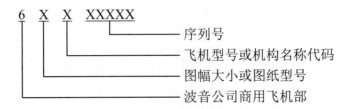

序列号由 5 位数字组成，它是由工程资料控制中心依顺序指定的。

飞机型号或机构名称代码用"—"或字母来表示："—"或 C 代表 B707、B727 和 B737 飞机；B 代表 B747 飞机；Y 代表飞行操纵部分；V 代表公务机。

按照无意义图纸编号系统编制的飞机结构图纸的图号示例：

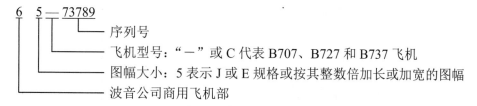

（3）图号前缀

图号的前缀是采用一个或者两个字母添加在图号的前面，以进一步定义图纸。相同的前缀可以用于新、旧编号系统。

常用的图号前缀有：

PL（Parts List）、SK（Sketch）、LO（Layout）、S（Specification Control Drawing）、WL（Wiring List）、D（Document）和 E（Engineering Advanced Material Release）等。

例如，某飞机结构件图号为 411U3528，在其之前添加 PL 字样，即 PL411U3528，表示零件清单中的图号。

5. 绘图区

在图纸绘图区，根据所表达零构件的具体情况，采用一组恰当的视图、一组完整的尺寸以及必要的形位公差和技术要求等，来绘制出零件图、组件图或者装配图，以充分详细地表达飞机结构零件、组件和部件的制造和装配。

6. 修订区

图纸的修订区始终位于图纸页的右上角，它用来记录图纸修订更改的信息。例如，图 2-4 所示的修订区，其格式和内容如图 2-7 所示。

修订区包括以下内容：

（1）ZONE 栏说明图纸上发生更改的位置。本例中为 C6、D5、D6 等区域。

（2）REV 栏显示更改版本号。本例为 A，即第一次修改。当该图纸为最初原始版时，该栏标有"—"符号，如果是第二次修改则用 B 表示，以此类推。修订区在手工绘制的图纸页上则称作 SYM 栏。

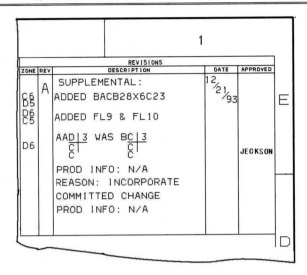

图 2-7 修订区及其内容

（3）DESCRIPTION 栏描述图纸页内更改的细节。该栏内还会说明更改号、更改原因和加工信息。如果有快速修订 ADCN 页，ADCN 号也会列出；ADCN 最多只有 4 个，每个 ADCN 的更改都不用对图纸进行修改。当累计到第 5 个 ADCN 时，就会将前面几个 ADCN 合并成一个正常修订 DCN 进行更改。DCN 对图纸进行了更改或者换页。

（4）DATE 和 APPROVED 栏显示对更改负责的人和更改日期。

7. 零件号（Part Numbers）

零件号是每个零件唯一的识别号码，图纸上每个零件、组装件和装配件都有各自的零件号。

一个零件号的组成如下：

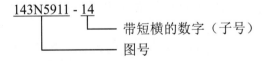

当一张图纸已给出制作结构件所需的全部详细信息时，这个结构件在该图上仅用带短横线的数字（子号）表示即可。当零件以完整件号，即"图号+子号"的形式出现时，该零件会在另外的图纸中给出制作该零件的详细信息。例如，某一零件号为 143N5911-14，那么它的详细信息会在图号为 143N5911 的图纸中给出。

注意

在组件图上详细描述一个零件和表示一个零件是有差别的。详述零件的意思是组件图上一定包含完整的图形描述和零件清单信息;而表示零件则仅需要画出该零件的轮廓线并且标注完整的零件号即可。

下面介绍对称零件的零件号(Part Numbers for Opposite Parts)。

飞机上有许多对称的(镜像)零件,例如,左右对称的零件。过去,在一张人工绘制的图纸页上通常仅绘出左件,该图示零件被指定以带杠奇数来表示,而对称的零件(右件)则以下一个可用的带杠偶数表示,例如,图示左件用-3表示,其对称的右件用-4表示。通常,会在图纸适当的位置用文字标出"左件如图所示,右件对称"的字样。现在,采用计算机 CAD 绘制的图纸,左侧零件和右侧零件两者可能都被画出。波音公司的图纸中,-1 通常表示左件,-2 表示右件;空客公司通常用-0/-2 表示左件,-1/-3 表示右件。

2.2.3 飞机结构图纸图形表达认知

1. 线型标准(Line Standards)

绘制波音飞机结构图纸所用的图线已标准化,且与我国机械工程制图图线的标准和用法基本相同。常见的线型及其用法如表 2-4 所示。

表 2-4 线型标准

图线名称	图线型式	图线宽度	一般应用举例
粗实线	———————	d(粗)	可见轮廓线
细实线	———————	$d/2$(细)	尺寸线及尺寸界线 剖面线 重合断面的轮廓线 过渡线
细虚线	— — — — —	$d/2$(细)	不可见轮廓线
细点画线	—·—·—·—	$d/2$(细)	轴线 对称中心线
粗点画线	—·—·—·—	d(粗)	限定范围表示线
细双点画线	—··—··—··	$d/2$(细)	相邻辅助零件的轮廓线 轨迹线 极限位置的轮廓线 中断线

图线名称	图线型式	图线宽度	一般应用举例
波浪线	～～～	$d/2$（细）	断裂处的边界线 视图与剖视的分界线
双折线	—/\—/\—	$d/2$（细）	同波浪线
粗虚线	— — — —	d（粗）	允许表面处理的表示线

2．零件标注（Part Callouts）

零件标注用来识别图纸页上的不同个体。在图纸页中，零构件用其件号标注，如图 2-8 所示。图纸页中的一些主要结构件只用子号标注，即用"中横线（杠）+数字"的形式表示。子号一般标于主视图的下方，本例为-1。在其他图纸（非自身图纸）上的零件件号需要用完整的件号表示，即"图号+子号"，本例为 123X3123-1。

除了件号由视图名称给出的情况，其他所有件号都用箭头指向零件边缘线的引线给出，本例为-3。图纸页中的所有件号都在零件清单（PL）中列出，但有些车间标准备件可能不会被列出。

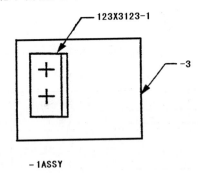

图 2-8　零件号标注

3．用查找号代替零件标注

查找号提供了图纸页上的件号和零件清单中零件有效性列表里的件号的交叉索引方法。在图纸页中，它替代了真实件号，一般用一个带圆圈的数字表示，如图 2-9 所示。

4．参考标注号

图纸中有些零构件用细双点画线画出，仅在读图时起参考作用，这些零件用参考标注号表达。参考标注号为"图纸号+字母 REF"，如图 2-9 所示。

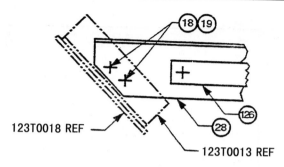

图 2-9 查找号和参考标注号

5. 车间标准备件（Shop Distribution Standards，SDS）

车间标准备件是生产线厂家供应的常用件，如螺帽、螺杆、铆钉、垫片、保险丝等。在某些情况下，车间标准备件在图上被标示出来，但是在零件有效性清单里没有被列出。

6. 绘图符号（Drawing Symbols）

飞机结构图纸常常用一些简单的符号或者规定的画法来分别表达某种含义，以使图纸简洁易读。常用的符号、含义及其应用如表 2-5 所示。

表 2-5 常用绘图符号及其含义

名称	符号	说明及应用	图例
中心线	℄	用于表达物体的中心轴线或者对称中心平面	STRUT / WL 97 / ℄ ENGINE
旗标	▱	在旗标符号内标注数字、字母或者符号用于表达旗标箭头所指处的标记，其详细说明在零件清单中描述。注：字母或符号仅在特殊场合应用	NAG 1304-ISD / NAG 43DD4-19(2) / AN 960 D416 / AN 310-4 / MS 24665-153 / ① INSTALL COTTER PIN PER BAC 5018
方向指示	↑UP ←FWD →INBD	表明视图或者某零构件相对于飞机坐标的方位	VIEW A-A / ↑UP →FWD

续表

名 称	符 号	说明及应用	图 例
紧固件位置	┼	表示紧固件孔位置、紧固件类型和紧固件直径等	
直径 5/32 紧固件位置	┼5		
铆钉符号	XD|5		
坐标孔	⊕K	坐标孔用于安装零件、组件或者装配	
配合坐标基准面	Ⓢ	用于协调重要零部件以及加工的参考基准面	
工艺孔	T⊕H	定位孔,在制造零部件的加工过程中保持零部件定位	
站位	STA 360	用于表示机身站位(STA)、水线站位(WL)、纵剖线站位(BL)	

名 称	符 号	说明及应用	图 例
限制松动		限制松动,参见组件明细清单对松动的要求	
金属棒料折断		用于表达实心棒料假想折断	
金属管料折断		用于表达空心管料假想折断	

7. 永久紧固件代号（Permanent Fastener Symbols）

（1）铆钉和其他永久紧固件

铆钉和其他永久紧固件（包括锁螺栓），在图纸上用代号标出。紧固件代号表示紧固件孔的位置和该位置安装的紧固件类型，如图2-10所示。

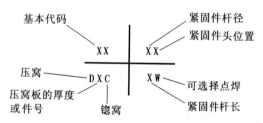

图2-10 紧固件代号的表达形式及其含义

紧固件代号包括：

- 基本代码由两个或者3个字母代码表示紧固件的类型、头型。当该处的字母被线条框住时，如图2-11所示，则表示为该紧固件安装时要求液密，否则就是普通型。

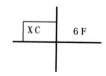

图2-11 有液密要求的紧固件的表达形式

- 紧固件的直径，用数字表示，以 1/32 英寸为单位。
- 紧固件的头位置是指紧固件头安装位置，字母 N 表示近端，即紧固件头安装在图纸所示的靠人的近端；字母 F 表示紧固件头安装在远端。若无字母，则表示紧固件头的方向可以任意设置。
- 紧固件埋头窝的制作要求，字母 D 表示压窝，C 表示锪窝。
- 紧固件长度或者铆接厚度，用数字表示，以 1/16 英寸为单位。

紧固件代号的完整解释请参照 BACD2074 文件。

当紧固件代号在图纸页上出现时，会由紧固件代号说明栏给出，以方便交叉检索。紧固件代号说明栏通常位于图纸右上角靠近图纸修订区的位置，如图 2-12 所示。有时，紧固件代号说明也标注在靠近紧固件标注处附近的空白处。

HOLE LOCATION FOR X/32 DIAMETER RIVET		1		
XZJ = BACR15BG8	ZONE	REV	REVISIONS DESCRIPTION	DATE	APPROVED
XNY = BACB30GW		—			

图 2-12　紧固件代号说明栏

（2）可拆卸紧固件代号（Removable Fastener Symbols）

可拆卸紧固件，如螺栓和螺帽，在图纸上不用紧固件代码表示，只需用十字中心线表示紧固件孔的位置，并且用一个完整的件号标注即可，如图 2-13 所示。

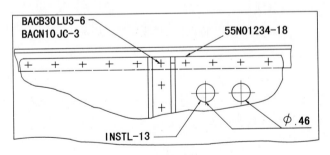

图 2-13　可拆卸紧固件的标注

8. 视图（Picture Sheet Views）

视图主要用于表达零构件的可见部分，必要时可用虚线表示其不可见部分。

(1) 详细视图

详细视图是通过放大某个物体或者某个物体的局部区域来详细描述它的细节。详细视图和原视图在同样的视角平面上，通常使用放大比例尺画法。视图用箭头标注，也可以用带圆圈的字母标注。所有详细视图用字母或者罗马数字命名，如图2-14（a）所示。图2-14（b）所示为局部放大图。

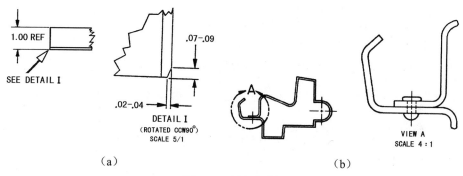

(a)   (b)

图 2-14 详细视图

(2) 详细视图的旋转

为了清晰地表达图纸，有时候需要旋转视图。旋转可以有两个方向：顺时针和逆时针。详细视图的名称后面会给出该视图的旋转角度和方向，如图2-14（a）所示。其中，CCW表示逆时针，CW表示顺时针。

9. 剖视图（Sections Views）

剖视图就好比用一个薄片切割一个零件而产生的剖面形状，它用来描述物体的内部结构和隐藏的特征，而这些信息在外部视图中又不能被清晰地表达。剖视图可取整个物体的剖面，也可只取物体某部分的剖面。

剖视图用字母（或者字母与数字组合）和箭头标注。箭头的方向即为剖面视图的观察方向。在剖切位置明显且不会引起误会的情况下，剖面线往往省略不画，如图2-15所示。

10. 辅助视图

辅助视图用来表达标准视图中未表达清楚的特征信息。辅助视图的标注和剖面视图基本相似，用指向平面的箭头表示视图的观察方向，但其区别在于这个带箭头标注线的位置在物体之外。辅助视图是从物体外部的某个特定方向对物体进行观察，并表达在该方向上看到的外部特征，实际上相当于我国制图标准中的斜视图。它能给出倾斜于基本投影面的复杂物体的真实外形、真实角度和真实尺寸，如图 2-16 所示。

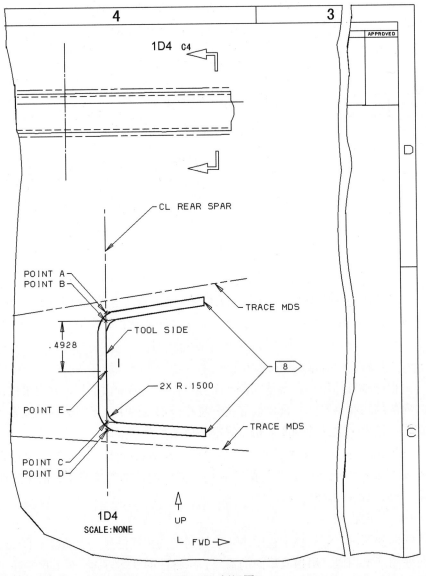

图 2-15　剖视图

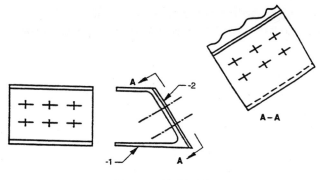

图 2-16 辅助视图

11．轴测图

轴测图能够在同一个视图上表达物体的 3 个面。为了达到这个目的，一般物体需要倾斜并旋转到一个恰当位置。因为物体倾斜，某些线条会比实际尺寸短。

很多安装图上都有一个小的飞机轴测图，它可以清晰地反映主视图的位置和方向。

12．未划分区域的图纸上视图或剖视图的辨别

除按视图关系配置的基本视图不需要标注外，其他视图需要通过在视图上标注箭头和字母或者罗马数字来表示其投影方向和位置。通常，新视图配置在标注处附近，其名称则与箭头旁边的字母或者罗马数字相同。例如，图 2-16 用一个斜视图来表达该构件斜面的情况，斜视图不是基本视图，所以需要标注。因为该视图的投影方向用箭头和字母 A 表示，所以斜视图的下方要用相同的字母 A 进行标注，即标注为 A-A，该视图可称为 A-A 视图。

13．划分区域的图纸上视图或剖视图的辨别

在划分区域的图纸上，通常用所在区域的字母和数字组合来标注视图及其名称。如果在同一个区域有几个视图，可以在区域代码前加一个数字以示区别。例如，区域 G4 有两个视图，则一个视图可以命名为 1G4，另一个可称之为 2G4。除此之外，在该视图标注名上再加一个区域码下标，以表示该视图在此区域画出。例如，$1G4_{C5}$ 表示在区域 G4 标号为 1 的剖视图或者视图位于本页图纸的 C5 区域。

在采用多页图纸表达的情况下，有时在某图纸页上某处标注引出视图，该新视图不绘制在本页图纸上，而是绘制在另外一页图纸页上，这时就需要在下标区域码的后面再加"-页码数字"表示该视图所在的图纸页。例如，某剖视图标注为 2B3$_{C4-6}$，它表示图纸 B3 区域标号为 2 的剖视位置，剖视图本身位于第 6 页 C4 区域，在图纸的第 6 页剖视图的名称仍是 2B3。视图标注、名称及其位置示例如表 2-6 所示。

表 2-6　视图标注、名称及其位置示例

标 注 符 号	视 图 名 称	视 图 位 置
2B5$_{C6-6}$	2B5	图纸第 6 页 C6 区域
1C10-1$_{D5-3}$	1C10	图纸第 3 页 D5 区域，-1 表示图纸第 1 页
1D6$_{C8-7}$	1D6	图纸第 7 页 C8 区域
See 1E7$_{D5}$	1E7	本页 D5 区域
2G4$_{A9-5}$	2G4	图纸第 5 页 A9 区域

2.2.4　飞机结构图纸尺寸和技术要求的识读

1．尺寸（Dimensions）

尺寸是图纸中的重要内容之一，用于确定物体的大小、位置和形状特征。

（1）尺寸标注

在波音飞机结构图纸中，线性尺寸以英寸为单位，可以用于标注物体的长度、高度和宽度。除此之外，线性尺寸还可以表达其他信息，例如孔的深度、贴合面的位置和安装位置等，如图 2-17 所示。

注意

标注尺寸时，常用十进制数字标注；如果尺寸小于 1，则小数点之前的 0 通常省略不注。

（2）圆弧标注

圆弧尺寸用规定的格式来标注。有两种圆弧：内圆弧（FILLETS）和外圆弧（ROUNDS）。内圆弧和外圆弧都用圆弧的半径符号 R 表示。圆弧半径的大小用"R+圆弧半径数值"或者"圆弧半径数值+R"进行标注。通常，表示半径的数值是一个十进制的数字，单位是英寸，如图 2-18 所示。

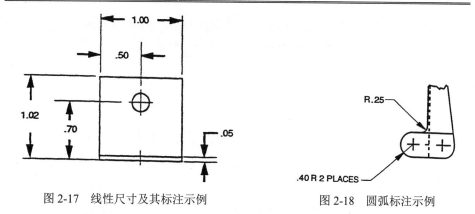

图 2-17 线性尺寸及其标注示例　　　　图 2-18 圆弧标注示例

（3）直径标注

圆、圆柱和孔的主要尺寸参数是直径。直径用符号 ϕ 或者 DIA 表示。直径的大小用"ϕ+直径数值"或者"直径数值+ϕ"表示，符号 ϕ 可用 DIA 代替。直径数值可以用分数或者小数的形式标注，单位为英寸，如图 2-19 所示。

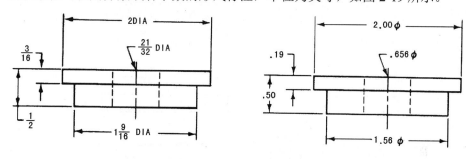

图 2-19 直径标注示例

（4）角度标注

角度的大小用角度尺寸来标注。在以前的图纸中，角度一般以度、分、秒的格式表示；而在现代飞机结构图纸中，角度多以十进制度数表示，其标注方式与我国国家制图标准规定的相同。

2. 尺寸公差（Tolerances）

公差是指零件的实际尺寸可以偏离设计尺寸的范围。实际尺寸可以是公差的最大限定值和最小限定值之间的任意值。波音图纸的公差有两种表示方法：通用公差和特定公差。

（1）通用公差

通用公差，通常用文字标注在图纸标题栏的左边。除了标有特定公差的尺寸以外，图纸上其余所有尺寸都使用这个通用公差，如图 2-20 所示。

Tolerances Unless Noted Otherwise	
One Place Decimal	± .1
Two Place Decimal	± .02
Three Place Decimal	± .004
Angular	± 0°30'

图 2-20　通用公差示例

本例中，尺寸的通用公差，当尺寸标注为小数点后一位的尺寸时，按±.1 公差要求制造；当尺寸标注为小数点后两位的尺寸时，按±.02 公差要求制造；当尺寸标注为小数点后 3 位的尺寸时，按±.004 公差要求制造。角度的通用公差为±0°30′。

（2）特定公差

当通用公差不能满足某个特定尺寸的精度要求时，需要为这个尺寸设置特定公差。特定公差在视图上的特定尺寸后面给出。有多种方法可用于标注特定公差，如图 2-21 所示。

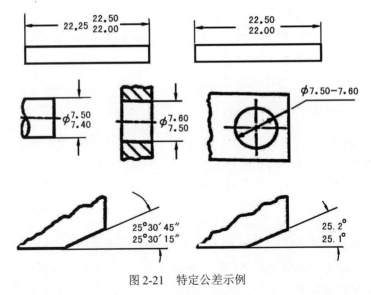

图 2-21　特定公差示例

3．形位公差

形位公差是指零件的实际形状和位置相对于理想形状和位置的允许变动

量。形位公差用公差框格、规定的符号、公差数值、基准代号等标注。波音图纸采用的形位公差符号和标注方法与我国国家制图标准规定的形位公差基本相同,如表 2-7 所示。

表 2-7　形位公差符号

分　类	名　称	符　号	分　类	名　称	符　号
形状公差	直线度	―	位置公差	平行度	∥
	平面度	▱	定向	垂直度	⊥
	圆度	○		倾斜度	∠
	圆柱度	⌭	定位	同轴度	◎
形状或位置	线轮廓度	⌒		对称度	=
	面轮廓度	⌒		位置度	⌖
			跳动	圆跳动	↗
				全跳动	⌰

4．零件细节表达

（1）倒角（如图 2-22 所示）

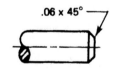 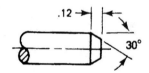

图 2-22　倒角及其标注

（2）盲孔标注

需要标注出孔径和钻孔的深度,如图 2-23 所示。例如,.375 φDR1.00DP 表示孔径.375 英寸,DR 表示钻孔,1.00DP 表示深 1.00 英寸。孔深也可用孔深度符号表示,如图 2-23 所示。

（3）沉孔标注

普通沉孔(COUNTERBORE,简称为 CBORE)、埋头沉孔(COUNTERSINK,简称为 CSK),在图纸上的表达如图 2-24 和图 2-25 所示。

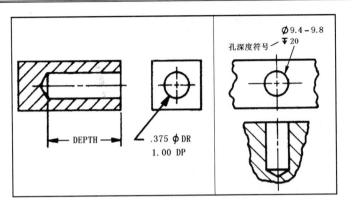

图 2-23 盲孔及其标注

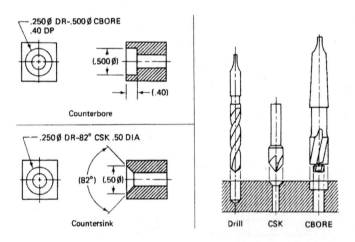

图 2-24 沉孔标注一

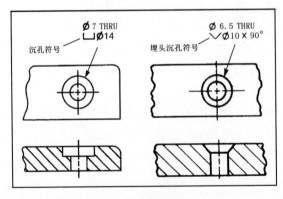

图 2-25 沉孔标注二

(4) 螺纹孔标注（如图 2-26 和图 2-27 所示）

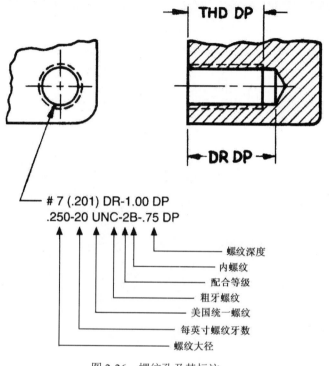

图 2-26　螺纹孔及其标注一

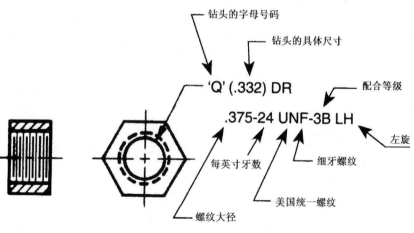

图 2-27　螺纹孔及其标注二

在普通的螺纹标注后面添加 DBL 或者 TRIPLE 字样就可以表达多头螺纹。例如，".625-11 UNC-2A DBL"表示双头螺纹，".625-18 UNF-3A TRIPLE"表示三头螺纹，如图 2-28 所示。

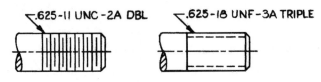

图 2-28　多头螺纹标注

（5）键槽和沟槽的标注

其中的键槽（Keyseats，简写为 KST）、半圆键槽（Woodruff Keyseat，简写为 WDF K）如图 2-29 所示。

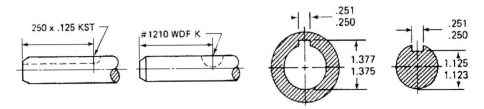

图 2-29　键槽和沟槽标注

（6）锥度标注（如图 2-30 所示）

零件锥度可用锥度符号表示，如图 2-30（a）所示；也可以标注每英尺锥度（TPF）或者每英寸锥度（TPI）来表达，如图 2-30（b）所示。若将每英尺锥度转换为每英寸锥度，则需将每英尺锥度数值除以 12，因为 1 英尺=12 英寸。

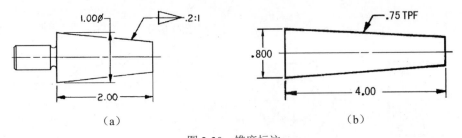

（a）　　　　　　　　　　　　（b）

图 2-30　锥度标注

例：已知某一圆锥体大头直径为.800 英寸，锥度为.75TPF，长度为 4.00 英寸，求小头直径为多少？

解：通过分析，该题给出的锥度是每英尺锥度，而图上所标注的尺寸是英寸，所以要把每英尺锥度转换为每英寸锥度。

计算，.75TPF÷12=.0625TPI

.0625TPI×4.00=.250（in.）

.800−.250=.550（in.）

小头直径为.550（in.）

（7）抛光符号（Finish Symbols）（如图 2-31 所示）

图 2-31　抛光符号

（8）表面粗糙度（Surface Rough）

零件表面上具有较小间距和峰谷所形成的微观几何形状的特征，称为表面粗糙度。表面粗糙度常用轮廓算数平均偏差参数 Ra 表示，其公制单位用 Micrometers（即 μm）表达；英制单位用 Microinches（即 μin）表达。公制的 Ra 和英制的 Ra 之间有相应的等值关系，如表 2-8 所示。

表 2-8　公英制 Ra 的对应关系

轮廓算数平均偏差参数	公英制轮廓算数平均偏差参数的对应关系									
公制 Ra（Micrometers）	0.025	0.05	0.1	0.2	0.4	0.8	1.6	3.2	6.3	12.5	25	50
英制 Ra（Microinches）	1	2	4	8	16	32	63	125	250	500	1000	2000

表面粗糙度标注示例如图 2-32 所示。其中，图 2-32（a）是公制表面粗糙度 Ra 值标注示例，1.6 代表 Ra 值为 1.6μm，即 0.0016mm；图 2-32（b）是英制表面粗糙度 Ra 值标注示例，63 代表 Ra 值为 63μin，即 .000063in.

（a）　　　　　　　　　　（b）

图 2-32　表面粗糙度符号

（9）常用剖面线符号如图2-33所示，其中，图2-33（a）用于表达铸铁、锻钢和所有金属件的剖切面；图2-33（b）用于表达钢件的剖切面。

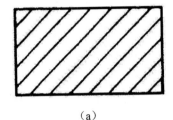 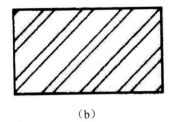

（a）　　　　　　　　　　　（b）

图2-33　常用剖面线符号

注意

波音飞机结构图纸对比较明显的、不易搞混的剖切面常常省略不画出剖面线。

2.2.5　飞机识别码的认知

1. 飞机识别码（Airplane Identification Numbers）

所有的波音飞机都被分配指定一些识别码。飞机的第一个识别码是流水线号。流水线号仅仅是个制造飞机的顺序生产号，换言之，第1000架推出总装厂房的B747，其流水线号就是1000。

其他识别码被统称为"有效性号"。有效性号是一组分配指定给所有飞机相关零部件的号码。有效性也被称为"列表码"和"序列号"。有效性号用于控制飞机构型、零部件和材料订购、成本管理和售后服务。

下面解释3种类型的有效性号：

（1）基本有效性号。通常分配给零部件，这些零部件组成了特定型号飞机的基本机体结构。一个基本有效性号是由一个字母和4位数字组成，如R2401。

注意

B777飞机不采用基本有效性号。

（2）客户化有效性号。通常分配给不同客户所安装的零部件，这些型号的零部件被称为客户选购件。这些零部件的样例有：电子设备、装饰件、座椅和飞行控制面板仪器等。一个可变的有效性号由两个字母和3位数字组成，如RT401。

（3）发动机有效性号。通常分配给安装的发动机的型号。

在B727、B737、B747和B757飞机上，发动机有效性号由两个字母和3个数字组成，如RW001；在B767和B777飞机上，发动机有效性号由一个字母和4个数字组成，如W6234。

2．有效性号码块（区间）

术语"块"是指一组有序的有效性号。

有效性号码块用于区别各种不同的飞机构型。例如，基本的B747-400型飞机机体可以分成若干种构型，它们是全客机、全货机或者客/货机。客/货机是货机和客机功能的混合机。每种构型都有一个自己的有效性号码块。基本有效性块常常控制基本的飞机机体的构型。基本的飞机机体的构型是不能随客户的要求而改变的。可随客户要求而改变的零部件是由可变的客户化有效性号码块控制的。

下面的例子列举了典型的飞机有效性号和有效性号码块。

- 基本有效性号码块的例子。R2429是B747-400型飞机的一个基本有效性号码。这个有效性号码来自R2401-R2900号码块。
- 可变客户化有效性号码块的例子。RT475是一个指派给一个B747-400飞机客户的可变有效性号码。这个有效性号码来自于RT471-RT499号码块。这个有效性号码块是指派给英国航空公司的。各个单独的号码块被指派给每个客户。RT401-RT430是给另外一个客户的可变号码块。

某个号码块只包含一架飞机，那么可以重复使用这架飞机的有效性号来表示这个号码块区间，如NA511-NA511。

有效性号码是由一个名叫Tab Block Committee的委员会指派的。该委员会是一个具有工程、计划和项目管理功能的组织。

3．流水线号和有效性的例子

下面的例子列举了常用的飞机有效性号码和有效性号码块。

（1）流水线号码按飞机总装的生产顺序给定。

（2）基本号码由一位飞机型号识别字母，后跟4位数字组成。

例如，

B737：P1001

B747：R1001

B757：N1001

B767：V1001

B777：不适用

（3）可变客户化有效性号由两位飞机型号识别字母，后跟3位数字组成。

例如，

B737：PP001

B747：RA001

B757：NA001

B767：VA001

B777：WA001

4．发动机有效性号的两种独立的号码格式

（1）对于 B737、B747 和 B757 飞机，发动机有效性号用可变有效性格式来识别。

例如，

B737：PA251

B747：RV321

B757：NT001

（2）对于 B767 和 B777 飞机，发动机有效性号码用基本有效性格式来识别。

例如，

B767：V6001

B777：W6001

5．其他编号系统（Other Numbering Systems）

（1）旧的飞机图纸编码规则与格式

在 B757 和 B767 之前，图纸是使用公司部门分配号和图纸尺寸代码组合的方式进行编号的。所有旧的商业飞机图纸编号都遵循以下规则：

- 数字 6 为商用飞机集团生产的飞机。
- 用一个数字表达对应图纸的大小或尺寸。

- 707 和 727 中间用一短连字线隔开，单通道机用字母 C 隔开，双通道则用字母 B 隔开。
- 5 位有序数字表示指定的图纸序号。

其飞机图纸编号的格式如下页的上图所示。

（2）B747 及其飞行操纵部分的图纸编号系统

B747 及其飞行操纵部分的图纸编号系统的一些典型编号如下：

- 69B00001——第一个 D 尺寸图纸。
- 61Y00001——第一个书本类型的图纸（飞行操纵部分）。
- 60B00001——第一个规范控制图纸。

其编码格式如下所示：

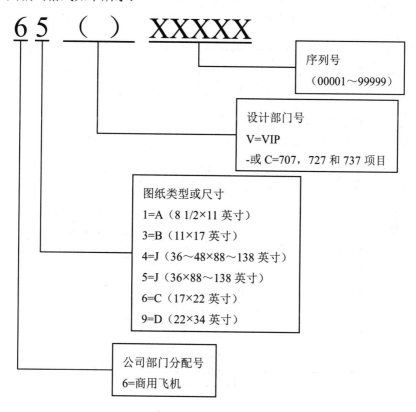

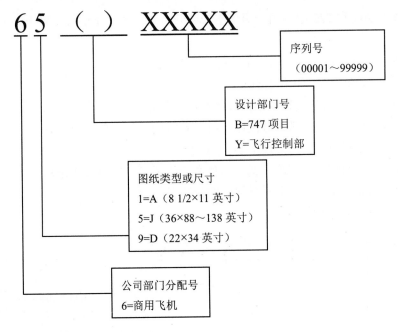

（3）测试报告文档编号

B757 和 B767 的测试报告文档编号系统格式如下：

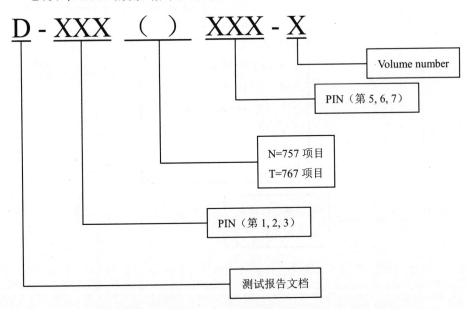

（4）规范控制号

B757 和 B767 的资源或规范控制图纸的编号规则格式如下：

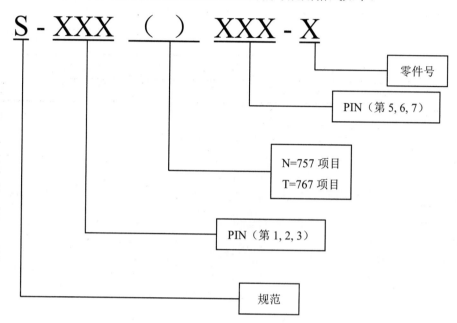

2.2.6 飞机结构图纸零件清单的认知与识读

飞机结构图纸是由图纸页和零件清单组成的。零件清单（Parts List）为结构图纸的文字说明部分。它主要包括下列内容：零部件件号、零部件名称、数量、制造该零部件所需的数据、旗标和通用注释、标准图注释、查找图纸对应的分区码、含有该零部件的上一级组件。

1. 自动生成零件清单（Automated Parts List，APL）

所有商用飞机项目中都用计算机处理系统，将生产图上所用的零部件和紧固件以表单的形式列出，这就是自动生成零件清单。实际工作中，某些图纸可能仅仅由一个零件清单所构成，其前提是零部件的信息资料不用图形就能表达清楚。旧式的结构图纸的零件清单是采用手写方式将其写到图纸页上的。对于现在仍然用于生产的旧式图纸，都已经采用"零件清单自动生成系统"将手写的零件清单转化为新型的零件清单了。

所有的零件清单都包含以下的文字信息：
- 该结构件用在哪里，用多少次。

- 该结构件是什么。
- 该结构件是如何制造、组装和（或者）装配的。
- 在图纸页上没有表达清楚的特殊注释和信息。

自动生成的零件清单由标题栏和其他8个主要部分所组成，如图2-34所示。

```
PARTS LIST    XYZ COMPANY         FSCM      REV. DATE    PL XYZ-54321   REV. LTR
                                  12345     NN-YY-DD                    A
LIST          SUPPORT ASSY-INBD FORE FLAP   GROUP    CONTRACT NUMBER   SHT.  1 OF
TITLE                                       XXXXX    66668888                5 SHTS.
MODEL   YXY
        DESIGN GROUP RESPONSIBILITY: JACKSON, 02195512
        MODIFIED TO DCAC STANDARDS, CONTACT AOBAMA, 00000001
                      ... APPLICATION LIST ...

PART NO.   NEXT ASSEMBLY   MODEL   SERIAL NUMBER                          REV
                                                                          SYM
  -1       XYZ-5056         YXY    N0001-N2699, N3001-N3999
                                   DRAWING PICTURE SHEET 1, 2, 3, 10
  -10      XYZ-5056         YXY    N2701-N2999, N3801-3899
                                   DRAWING PICTURE SHEET 2, 3, 4, 5, 6
  -2       XYZ-5056         YXY    N8801-N8888
                                   DRAWING PICTURE SHEET 2, 3, 7, 8, 9
```

图 2-34 零件清单

零件清单的内容及其在零件清单中的次序如下：
- 标题栏（HEADER）
- 有效性清单（APPLICATION LIST）
- 修订信息区（REVISION LIST）
- 零件使用索引（PART USEAGE INDEX）
- 组件分解列表（ASSEMBLY BREAKDOWN LIST）
- 图纸中的旗标、通用注释（FLAG NOTES 或者 GENERAL NOTES）
- 标准图注释（STANDARD DRAWING NOTES）
- 标注符号解释（EXPLANATION OF NOTE SYMBOLS）
- 零件清单目录索引（PARTS LIST INDEX）

另有两个附加的部分用于提供特殊功能，它们是"件号搜索"和"索引号搜索"。

2. 零件清单标题栏

标题栏位于每一页零件清单的顶部。标题栏列出结构件名称、图号、最后一次图纸修订日期、DCN版本号、负责该图的工程控制部门、零件清单的页码和总页数、美国商务部分配给企业的代码等，如图 2-35 所示。如下信息只打印在零件清单的第一页：计划部门的号码、项目识别码（PIN）和该图纸的首席设计工程师的姓名和电话号码。

PARTS LIST	XYZ COMPANY	FSCM 12345	REV. DATE NN-YY-DD	PL XYZ-54321	REV. LTR A
LIST TITLE	SUPPORT ASSY-INBD FOREFLAP	GROUP XXXXX	CONTRACT NUMBER 66668888	SHT.	1 OF 5 SHTS.
MODEL	YXY				
	DESIGN GROUP RESPONSIBILITY: JACKSON, 02195512				
	MODIFIED TO DCAC STANDARDS, CONTACT AOBAMA, 00000001				

图 2-35　零件清单的标题栏

标题栏内容解释如下：

- 图号 PL XYZ-54321。在零件清单中零件的图号前都标有 PL 字样。
- 零构件名称 SUPPORT ASSY-INBD FOREFLAP（支撑组件-内侧前襟翼）。在该栏的名称中有 ASSY 字样，这表明该图是组件图。
- 图纸修订号及修订日期。如图 2-35 所示的 REV LTR 和 REV DATE 栏。
- 负责此图纸的波音工程部门代码。如图 2-35 所示的 GROUP 栏。
- 飞机研制项目合同号。如图 2-35 所示的 CONTRACT NUMBER。
- 零件清单页码。如图 2-35 所示的 SHEET 栏，"SHT. 1 OF 5 SHTS"表明这个零件清单共有 5 页，这是第 1 页。
- 制造厂家的联邦供应代码（FSCM）或者商业和政府机构编号（CAGE CODE）。这些代码或者编号是由政府分配给每个公司的，美国商务部用于对企业的技术和产品进行出口控制和管理。
- 计划部门代号。
- 工程项目识别号（PIN）。
- 负责该图纸的首席设计工程师的姓名和电话号码。

3．有效性清单

有效性清单列出图中的主要结构件及其上一级组件。有效性清单有两种类型：完整型有效性清单和简化型有效性清单。完整型有效性清单列出每个安装该主要结构件的飞机有效性号。完整型有效性清单只用于装配图和重要的组件图，如图 2-34 所示。

简化型有效性清单没有列出飞机有效性号，其原因是，这些图仅为零件图和小的、次要的组件图，如图 2-36 所示。

```
| PARTS LIST | XYZ COMPANY              | FSCM 12345 | REV.DATE NN-YY-DD | PL  XYZ-54321 | REV.LTR A   |
| LIST TITLE | SUPPORT ASSY-INBD FOREFLAP | GROUP XXXXX | CONTRACT NUMBER 66668888 | SHT. 1 OF 13 SHTS. |

MODEL   YXY
        DESIGN GROUP RESPONSIBILITY: JACKSON,02195512
        MODIFIED TO DCAC STANDARDS,CONTACT AOBAMA,00000001

                    ... APPLICATION LIST ...

PART NO.   NEXT ASSEMBLY   MODEL   SERIAL NUMBER                    REV SYM
  -1       XYZ-5056        YXY     -   DRAWING PICTURE SHEET 1
  -10      XYZ-5056        YXY     -   DRAWING PICTURE SHEET 10
  -2       XYZ-5056        YXY     -   DRAWING PICTURE SHEET 2
```

图 2-36　简化型有效性清单

完整型有效性清单和简化型有效性清单都包含以下 5 个栏目的内容：

（1）结构件件号栏（PART NO.）

该栏目列出了主要结构件的子号，子号唯一确定了图纸的最终产品。子号采用一个短连字线加阿拉伯数字表示，如-1。子号与图号相结合将被用于上一级组件图纸。

（2）上一级组件（NEXT ASSEMBLY）

该栏目列出了安装有对应主要结构件的组件的图纸号。一个主要构件可能对应几个不同的有效性号，这是因为，不同的上级组件可能采用同一主要结构件。此时，主要结构件件号将被多次重复列出，但对应不同的上级组件件号。

（3）机型（MODEL）

该栏目列出了适用主要结构件的飞机型号。一个主要结构件可能用于多个机型。

（4）飞机序号（SERIAL NUMBER）

对于完整型有效性清单，该栏目列出了安装有该主要结构件的飞机的有效性号。完整型有效性清单和简化型有效性清单都列出了一些图纸页页码，这些图纸页给出了制造、组装以及装配每个主要结构件的具体信息。

（5）修订版本号

用字母表明对应的主要结构件的修订情况。

4. 修订信息部分

修订信息部分说明零件清单最近 3 次修订的情况，如图 2-37 所示。该部分包括以下内容：

PARTS LIST	XYZ COMPANY	FSCM 12345	REV. DATE NN-YY-DD	PL XYZ-54321	REV. LTR A
LIST TITLE	SUPPORT ASSY-INBD FOREFLAP	GROUP XXXXX	CONTRACT NUMBER 66668888		SHT. 2 OF 5 SHTS.

```
...   REVISIONS   ...

REV                                                DATE       CLASS    CHG CONTROL
SYM   DESCRIPTION OF CHANGE                                            NUMBER

 -    NEW DRAWING REASON:BASIC RELEASE             07-15-99            PIN1234-4321

 A    PRR99000 SUPPLEMENTAL:                       08-08-99
      ADDED BACB28X6C23
      ADDED FL9  PL10

...............................................................................

...   PARTS USAGE INDEX   ...

PART NUMBER         USED ON PART NUMBER(S)
 -1                  -3
 -10                 -11,(12),-8
 ...                 ...
 XYZ-5056-7          -14*,-5
 XYZ-5056-8          -14*,(-21)*
 ...                 ...
```

图 2-37 零件清单的修订部分和零件使用索引

（1）修订版本号（REV SYM）

没有经过任何修订的原始版本的图纸用"-"表示。修订的图纸分别用字母 A、B、C…表明修订的序号。

 注意

最新的 DCN 修订总是放在最后。

（2）描述更改情况（DESCRIPTION OF CHANGE）

对更改内容进行简洁描述。如果本次修改有对先行图纸更改单进行整合，则还需列出被整合的先行图纸更改单号。

（3）修订日期（DATE）

（4）更改级别（CLASS）

商用飞机没有此项。

（5）更改控制号（CHG CONTROL NUMBER）

工程更改号。

5. 零件使用索引

零件使用索引列出了图纸上所有的零部件和在该图中所对应的上级组件，如图 2-37 所示。零件使用索引包含两部分内容：件号栏和上级组件件号栏。

（1）件号栏（PART NUMBER）

零件使用索引中左边第一列是件号栏，它列出了图纸上所有的零部件。零部件和紧固件按下列次序列出。

- 该图纸的子号（依据这个图纸制造、组装或者装配的零部件）。
- 波音设计制造的零部件（依据其他波音图纸制造、组装或者装配的零部件）。
- 供应商提供的零部件或者标准件（供应商提供的零部件是由其他公司设计的；标准件如螺栓和螺帽等）。

按上述次序列出的零部件是采用军用编号系统的结果。所有以1开头的零部件都排列在以2开头的零部件之前，如1、11、12、15、101、168、2、20、21、28、208等；以号码9开头的零部件列在以1、2、3、4、5、6、7、8开头的零件之后。

（2）上级组件件号栏（USED ON PART NUMBER）

零件使用索引中第二列表示上级组件件号栏。如果在这一列中只有一个中横线（杠），表示件号栏里对应的零件是主要结构件。正因为它们本身就是主要结构件，所以在自身的图中是没有更高级组件的。为了查找主要结构件的上一级图纸，可以查看有效性清单。

6．特殊情况

在上级组件件号栏里可能会出现以下3种特殊情况：

（1）有效性受限

当一个零件的有效性范围小于其上级组件的有效性范围时，我们称之为该件有效性受限，在上级组件件号后用星号（*）表示。如图2-37所示零件使用索引部分的-14*。在组件分解列表中会给出受限件的具体对应的飞机有效性号。

注意

有效性受限的情况只出现在装配图中。

（2）注销表中件

注销表中件是指该件将会在一个改装中被报废或注销。在上级组件件号上加括号表示该件为注销表中件，如图2-37所示零件使用索引部分的（12）。在后面的组件分解列表中可以查到注销表中件的具体信息。

（3）受限的注销表中件

受限的注销表中件就是指既是注销表中件又是有效性受限的件。其表示方法为上级组件件号加上括号，然后在后面加上星号，如图 2-37 所示零件使用索引部分中的（-21）*。

7. 组件分解列表

组件分解列表给出了所有的主要结构件及其所包含的所有零构件。这部分还给出了制造这个主要结构件所必需的工艺规范、文档资料、参考资料以及相关注释，如图 2-38 所示。

PARTS LIST	XYZ COMPANY	FSCM 12345	REV. DATE NN-YY-DD	PL XYZ-54321	REV. LTR A
LIST TITLE	SUPPORT ASSY-INBD FOREFLAP	GROUP XXXXX	CONTRACT NUMBER 66668888		SHT. 3 OF 5 SHTS

··· ASSEMBLY BREAKDOWN LIST ···

QTY REQD	PQRT OR IDENTIFYING NUMBER	NOMENCLATURE OR DESCRIPTION	NOTE CODE	NOTES	REV SYM
-	-1	SUPPORT ASSY	-EN OP	BONDED PART -2 OPP -1	A

··· FLAGNOTES-GENERAL NOTES ···　　REV SYM

FL 1　CFRP WOVEN FABRIC PER BMS 8-256, TYPE IV, CLASS 2, STYLE 3K-70-PW.
FL 2　EPOXY IMPREGNATED GLASS WOVEN FABRIC PER BMS 8-139, CLASS III, STYLE 108.　　A
FL 3　BUTT SPLICE PER BAC 5317-4 EQUALLY SPACED IN THIS REGION ONLY WITH .06 INCH
　　　MAXIMUM GAP AND NO OVERLAP.
GN 1　LOCATE PLY EDGES SHOWN + OR - .10INCHS.
GN 2　SURFACE FINISH OF TRIMMED COMPOSITE PART TO BE IN ACCORDANCE WITH BAC 5317-4.

··· STANDARD DRAWING NOTES ···

NOTIC - THE INFORMATION CONTAINED HEREIN IS PROPRIETARY TO THE XYZ COMPANY AND SHALL NOT BE REPRODUCED OR DISCLOSED IN WHOLE OR IN PART OR USED FOR ANY PURPOSE EXCEPT WHEN SUCH USER POSSESSES DIRECT, WRITTEN AUTHORIZATION FROM XYZ COMPANY.
MATERIALS, PART AND PROCCESS SUBSTITUTION AND EQUIVALENTS PER XXXXXXXX.
FASTENER SYBOL CODE PER BACD2074. INSTAL PER BAC5004AND BAC5047.

图 2-38　零件清单中的组件分解列表、旗标-通用标注和标准图纸注释

组件分解列表被分隔成如下两个区域：

第一个区域仅列出这个图纸中的所有主要结构件及他们的名称、描述和注解。

第二个区域详细列出了组成每个主要结构件的零部件及他们的名称、描述和应用注解。同时，用这个图纸能够制作的零件或组件的详细信息也会在这个区域给出。

组件分解清单有以下6栏内容，如图2-38所示。

（1）需要的数量（QTY REQD）

QTY REQD 的个值是指上级组件或者装配件中需要对应零构件的数量。主要结构件的数量用"-"表示，它的实际数量需要通过查询上级组件图纸来确定。

（2）件号或者识别号（PART OR IDENTIFYING NUMBER）

在自身图纸上，只用子号表示件号，即在表示件号的数字前面加一横杠，如本例中的-1。如果是其他图纸的件就要使用完整件号。

（3）零部件描述或专用术语名（NOMENCLATURE OR DESCRIPTION）

零件的名称。

（4）标注代码（NOTE CODE）

在自动生成零件清单系统中，使用两位字母的标注代码表示存在更多的附加信息。如 LM 表示在上级组件或装配件中，该零件有效性受限。标注代码的含义可以通过查找自动生成清单的标注符号解释部分来获得。

（5）标注（NOTES）

这部分给出零件制作、组装或者装配的详细信息。

（6）修订代码（REV SYM）

用代表修订版本号的字母表示本行内容的修订情况。如果无版本号字母出现，则表示一直没有进行过修订更改。

8. 旗标和通用标注部分

在图纸页上标注旗标时，用符号 ▷ 表示，框内填入序号数字。对于旗标的含义，会在零件清单的旗标和通用注释栏里给出解释。旗标用字母符号 FL 加序号数字表示，如图2-38所示。

通用标注给出的信息适用于整个图纸，在图纸页中没有任何标注。旗标和通用标注部分按数字的顺序给出它们代码对应的详细文本内容，为了全面正确地理解图纸，必须仔细阅读旗标和通用标注。

9. 标准图纸注释

标准图纸注释部分列出适用于所有图纸的规范、文档和工业标准，如图2-38所示。所有的生产图纸都有相同的标准标注。

标准标注部分有3项内容，分别是：

- 标准图纸标注
- 尺寸和公差
- 标准工艺规范/文档图表

10. 标注符号的注释

该部分给出了零件清单中所有标注代码，同时给出了它们代表的含义，如图 2-39 所示。

```
PARTS LIST    XYZ COMPANY       FSCM    REV. DATE      PL  XYZ-54321     REV. LTR
                                12345   NN-YY-DD                              A
LIST                             GROUP    CONTRACT NUMBER        SHT.   5 OF
TITLE   SUPPORT ASSY-INBD FOREFLAP  XXXXX    66668888                    5 SHTS.

                    ... EXPLANATION OF NOTE SYMBOLS ...

  DP    DRAWING PICTURE SHEET
  EN    EXTENDED NOMENCLATURE
  FL    FLAGNOTE
  GN    GENERAL INFORMATION
  MD    MANUFACTURING DATA
  OP    OPPOSITE PART


                    ... PARTS LIST INDEX ...

              APPLICATION LIST              SHEET 0001
              REVISIONS                     SHEET 0002
              PARTS USAGE INDEX             SHEET 0002
              ASSEMBLY BREAKDOWN LIST       SHEET 0003
              FLAGNOTE-GENERAL              SHEET 0003
              STANDARD DRAWING NOTES        SHEET 0003
              EXPLANATION OF NOTE SYMBOLS   SHEET 0005
```

图 2-39 标注符号的注释和零件清单索引

零件清单索引就好比整个零件清单的目录表，它给出了零件清单中各部分所在的页码，如图 2-39 所示。对于庞大的自动生成零件清单，查阅零件清单索引表可以节省大量时间。

11. 厂家资料标注代码

如果在某个图纸上给出了零件的详细信息，可以使用厂家资料标注代码（MD），它包含以下内容：

（1）区域

给出零件在图纸页上的页码和区域码。如 1A3 表示第 1 页，区域 A3。

（2）零件标号

零件标号要求用一个字母表示，如 M 或 R。具体规范参考 BAC5307。

（3）表面处理

表面漆的类型或表面处理方法。查阅 D6-5000 可以获知表面涂层代码的含义。

（4）毛坯尺寸

毛坯尺寸可以提供图纸用户制作这个零件的原材料尺寸大小。具体如何给出尺寸视原材料类型而定：板料一般给出板厚尺寸和板料的最大宽度和长度；棒料一般给出直径和长度；管形件一般给出内外直径、壁厚和长度；挤压型材一般给出型材号（来自 D-590）和最大长度。

（5）材料

制作该零件所需要的材料类型。关于这些代码和热处理工艺的具体含义，可以参考 BAC560 工艺规范。

12．自动生成零件清单的 ADCN

当需要用先行图纸更改单（ADCN）记录针对自动生成的零件清单（APL）的修订更改时，可以用以下两种格式：

- 如果 APL 是书面格式，把 ADCN 打印在 8.5×11 英寸的纸上，并把它装订在封面页。
- 如果 APL 是来自微缩胶卷或者 REDARS 系统，则用与其他页相同尺寸的纸打印出来并装订在最后一页。

2.2.7　飞机结构图纸修订系统（Drawing Revision System）

如果需要对波音已发布的图纸进行修订，就必须有官方文档记录。通常有 3 种方法用于记录修订历史：

- 图纸更改单（DCN，DRAWING CHANGE NOTICE）
- 先行图纸更改单（ADCN，ADVANCE DRAWING CHANGE NOTICE）
- 图纸变更授权（DDA，DRAWING DEPARTURE AUTHORIZATION）

图纸更改单（DCN）和先行图纸更改单（ADCN）是针对已发布的图纸做永久性修订的。图纸变更授权则只是一个临时更改。

1．图纸更改单（DCN）

图纸更改单的作用是把更改项目编入已发布的图纸中。

最初发布的波音图纸，可以被认为是一个原始版本，在版本栏里用一个"-"表示。在原始版本之后，每加入一个 DCN 项目，即对图纸做一次修订，图纸的版本号就要更新。需要注意的是，如果该图纸不止一页，那么对每一页的修订都是独立的。比如，一幅图纸由 4 张图纸页组成，那么这 4 页就可能有 4 个不同的版本号。版本号由工程资料控制部门指定并记录在案。

对于单页的图纸，版本号从字母 A 开始并按字母顺序给出，但是不能使用字母 I、O、Q、S、X 和 Z。当所有字母用完了，如果再要修改，则用两个字母表示，如 AA、AB、AC、…，一直到 YY。注意，双字母 ZZ 只用于表示该页已删除。

在所有图纸更改单里，我们可以获得以下信息：

- 版本号
- 更改号
- 修订原因
- 被该 DCN 整合的 ADCN 号
- 修订描述
- 责任人和/或批准人
- 修订日期

2. 先行图纸更改单（ADCN）

先行图纸更改单是另一种对已发布图纸页修订所做的官方记录。它并不意味着在原图纸页上直接修改，而只是对需修订的部分采用局部另行画图的方法来表述。相对于图纸更改单，先行图纸更改单更快捷、更经济，所以，先行图纸更改单也可称为快速图纸更改单。

先行图纸更改单提供原图纸的替代信息或者补充信息，反映的是最新的信息，所以它也是图纸的重要组成部分。使用先行图纸更改单的主要目的是加快发布图纸修订，节约时间，提高效率。

先行图纸更改单是附在图纸页后面的单独页，如图 2-40 所示。它的版本号以数字排序给出（注意：DCN 的版本号是字母）。当对图纸页第一次修订时，记为 ADCN 1；第二次修订时，则为 ADCN 2；以此类推。

图 2-40 先行图纸更改单

注意

可能某个图纸的某一页有 ADCN 1~4，但是该图纸的另一页只有 ADCN 1~2。

先行图纸更改单必须附在图纸上一起归档。最多有 4 个 ADCN，在第 5 个 ADCN 就要整合成一个 DCN，无论之前有几个 ADCN，一个 DCN 就会整合之前所有的 ADCN。

3. 自动生成零件清单对应的 ADCN 格式

用于更改自动生成零件清单（APL）的 ADCN 包含以下 4 个方面的重要信息：

- 图纸号
- 图纸标题
- 需要更改的图纸页
- 发出此次 ADCN 时图纸的 DCN 版本号

注意

由部件供应商（如 Wichita，一个离合器供应商）发出的 ADCN，需在版本号（数字）之前加一个识别字母。

无论是自动生成零件清单（APL）的 ADCN，还是图纸页的 ADCN，它们所包含的题头部分的信息是基本相似的。

4. 图纸变更授权（DDA）

图纸变更授权用于记录飞机在生产线上时对图纸做的一个临时更改。它可以授权允许对生产图纸所包含的某个信息进行临时更改，比如对试飞飞机局部做一些临时变化。在把飞机交付给客户之前，必须把所有的 DDA 项目恢复到原始图纸构型状态。

注意

对于窄体飞机，DDA 附在自动生成的零件清单之后；对于宽体飞机，DDA 附在图纸页首页后。

DDA 识别号由被更改图纸的图纸号后面加上一个数字序号组成，后缀数字从 1 开始。

5. 更改号（CHANGE NUMBER）

更改号是用来收集更改所需要的时间成本和材料成本的一个预算号。更改成本可能是由于设计或者制造工艺的提高而产生的，也可能是应客户的特定要求产生的。无论何时，只要在图纸系统内发布图纸，不管是一个新图纸，还是对现有图纸的修订，必须考虑是否被授权这样做，或者说更改号是否允许这样做。

更改号有两类：指定的更改号和其他情况的更改号。

（1）指定的更改号

指定的更改号有下面几种类型：

- 基本型（BASIC）——对于新型号飞机或者特定客户，使用项目识别号（PIN）作为更改号。
- 产品修订记录（PRR）——工程部门用于因设计进步需要更改的情况。
- 客户更改（MC）——因客户合同中有特别要求，需要更改时使用。

更改委员会是专门计划和监控指定的更改的组织，它对每一个更改都会对应地给出一个 PRR 号，这是一个 5 位数字序列号。

（2）其他更改

其他更改号对应另外一组 PRR 号，从 PRR90000 开始。其他更改又可以细分为两类：强制的和非强制的。强制的更改必须有工程部门专门说明，而非强制的更改只需要有生产部门的相关指令即可。

其他更改举例如下：

- PRR95000E——用于强制性工程更改。
- PRR95000T——用于因现场反馈不可施工而进行更改的情况。
- PRR95000P——用于更改后可以使生产更方便的情况。
- PRR95000——用于非强制性情况，比如草图错误、图纸的细微变化而不会影响产品加工。
- PRR94000——用于在图纸中插入 ADCN 或者对图纸做一般维护。此类更改不能改变原来的设计或者构型。

6. 修订原因

每个修订更改都必须有一个"标准"的原因。常见的"标准"的原因有：工程设计错误、客户的要求、FAA 的要求、设计改进、供应商或者承包商的要求、生产设备的能力与精度、数据处理错误、新产品试验或者试制的要求和试制过程中的反馈等。

7. 生产信息

（1）生产标注

所有非指定的更改都必须有生产标注。这类标注用含有字母 P 的旗标表示，也可直接标注为"Production Info."。

实际应用中有 3 类生产标注，分别是：
- 飞机/零件符合要求

更改不会影响已经生产了的零件，如 PRR95000 更改。厂家可以决定什么时候进行更改。
- 根据现场反馈不可施工标签（R/T: Rejection Tag），生产出的飞机/零件符合要求

因现场反馈不可施工而进行更改时使用，如 PRR95000T。由于图纸错误原因，零件不可能加工时，厂家签署现场反馈不可施工标签（R/T）。
- 飞机/零件必须遵循要求

这类更改由厂家工程部门决定，用于某架特定的飞机上。

注意

对于生产信息标注，可以从零件配置说明（Part Disposition Instruction）表中查询其含义。

（2）厂家标注

除了生产标注外，厂家标注也在强制类更改时使用。厂家标注说明厂家在施工中采取了哪些工程措施。它的表示方法为：一个含有字母 M 的旗标或者 Mfg Info 字样。

2.2.8 其他类型图纸的简介

生产图纸仅是波音图纸系统的一个组成部分。制造飞机还会用到其他类型的图纸，包括产品图解示意图纸、规范控制图纸和工具图纸。

1. 未标尺寸的图纸（Undimensioned Picture Sheets）

在工具图或者零部件的加工图中，有一种未标注尺寸的图纸，它是一种在性能稳定的平板材料上采用 1∶1 的比例精确地画出零构件图形的图样。这种图样通常也称为模线图或者模线样板图。这种稳定材料一般是可拍照复制的绘图胶片，称为 PCM（Photo Contact Master），它的物理性质和化学性质稳定，能够保证图形尺寸保持长时间的稳定。

为了得到精确的尺寸信息，我们还需要一个尺寸稳定的 PCM 的拷贝版本，这个拷贝版本叫做 REPT（Reference Engineering Photo Template）。制作零件时所需要的所有尺寸都可以从这个 REPT 上直接度量。

如上所述，PCM 是一种画有产品全尺寸图纸的画图胶片（厚度为 0.0075 英寸），在图纸页上由字母 PCM 标识。有些 PCM 图纸上还有预先印制的 5 英寸或 10 英寸大小的方格线。

当用未标尺寸的图来表达钣金件的详细信息时，应采用平面展开图样。平面展开图给出了钣金件的详细信息却无须标注尺寸，它也是按 1∶1 的比例精确地画在 PCM 胶片上的。

在平面图样上，把零件的所有面或者法兰边展开进行全尺寸绘制。除了一些特别重要的位置或外形尺寸，其他尺寸都不需要标注。在需要钣弯的地方，一般画出一条钣弯位置的中心线，同时在中心线两侧画两个短线，表示弯边上的切线，用字母 OML（Outside Mold Line）表示。弯制的角度和方向都会在图上标注。

工作者通过 REPT 拷贝获得零件的图形与尺寸，也可以直接用它作为加工模板或者光学跟踪扫描设备的定位工具。工作者把零件的外形按图纸尺寸在钣金材料上描出，然后，按相关说明裁剪和弯制，便可以快速制作钣金件了。

为了在无尺寸标注的图纸页上读出待加工件的尺寸，必须对图纸进行度量。在度量过程中，必须使用等比例、尺寸稳定的图纸（聚酯薄膜）拷贝。千万不要使用纸质的拷贝，因为它不具有尺寸稳定性。这些等比例的图纸拷贝是复制了 PCM 原版图纸，可以通过度量获得加工尺寸。拷贝的类型有：

- REPT（工程照片参考模板：Reference Engineering Photo Templates）。绘制在一种稳定的绘图胶片上。不可以在这种胶片上做标记或者裁剪它，它是原图纸状态的完全拷贝。
- PT（照片模板：Photo Templates）。也是绘制在稳定的绘图胶片上。不同的是，可以顺着零件的轮廓线对胶片进行裁剪，也可以在孔的位置在胶片上冲孔，以此作为加工件的模板。
- PCM 原版图纸只在项目工程部使用，其他部门都使用稳定的胶片拷贝图纸。

2. 产品图解示意图纸（Production Illustration Drawings）

产品图解示意图纸主要表达电气线路、管路、隔热毯连接点和电气接地等的敷设和安装。产品图解示意图纸以立体图的形式来表达上述内容。产品图解示意图纸为某个型号飞机和客户提供特别的目录索引图，这些目录索引图将飞机分为若干个区域并且基于区域而指定相应的图号。

3. 规范控制图纸（Specification Control Drawings）

规范控制图纸描述其他制造厂家为波音生产零部件所需的功能、技术要求和限制条件等。这些零部件包括电器开关、液压阀门、风扇马达等。

4．工具图纸（Tooling Drawings）

工具图纸表达如何制作在制造和安装飞机零部件时所采用的各种工具。工具图纸的画法及其表达方法与生产图纸相同。

5．查阅图纸

可通过访问生产厂家技术网站、微缩胶片、工程数据检索系统、全尺寸图纸、零件清单查询系统等几种途径来查阅飞机图纸。

现在通用的查阅图纸的方法是通过访问生产厂家的技术网站，对图纸进行在线实时浏览、下载和打印。

微缩胶片（Microfilm）是工程图纸的反转片。既可直接通过阅读机来阅读，也可通过带打印装置的阅读机将胶片打印成纸质图纸来阅读。由于计算机技术的发展，微缩胶片现在基本上已经被淘汰。

工程数据检索系统（Reference Engineering Data Retrieval System）是阅读电子版图纸的计算机系统。该系统也可打印成纸质图纸，以方便阅读或携带。

全尺寸图纸或者胶片图样需通过特定程序从图样档案部门拷贝得到。

2.2.9 波音飞机工程图纸用到的工程标准

有许多附加的资料可以支持波音飞机图纸系统，这些附加资料称为工程标准。工程标准可以在各行业或者企业的工程标准手册中查找到。这些工程标准用于控制零部件如何设计和制造。图纸表明"做什么"，工程标准则告诉设计者"必须怎么做"。工程标准可以给许多图纸提供相同的信息资料。

1．工程标准

常用的波音飞机工程标准如下：

（1）波音飞机制图标准——D-4900 Boeing Drafting Standards

该标准确定了绘图的标准。如果设计者都遵循这些制图标准，所绘制的图纸就不会有任何差异。

（2）波音飞机工艺标准——D-18888-1 Boeing Process Standards

该标准给出工艺容限值并且指导操作者如何执行某项操作，例如，如何安装螺帽、螺栓和铆钉等。

（3）波音飞机材料标准——D-18888-3 Boeing Material Standards

该标准给出各种材料的规格和容差，以便购置如铝板、涂料、座椅织布、地毯等材料。

（4）波音飞机标准件标准——D-590 Boeing Parts Standards

该标准给出各种标准件的尺寸和容差，以便购置如铆钉、螺栓、螺帽、轴承和密封圈等标准件。

（5）波音飞机设计标准——D-5000 Boeing Design Standards

该标准为工程技术人员提供各种材料的应力水平、材料的应变协调性以及其他工程要求。

波音公司还采用其他一些已有的行业标准，如民用和军用标准。如果某个方面无已有标准，波音公司可以自行开发标准。

2．查阅工程标准

工程标准和其他的参考文件资料可以由许多地方提供，例如，可从微缩胶片文件、技术资料室、工程设计部门、工程制造部门、质量保障部门以及厂区等处获得。

现在通用的查阅工程标准的方法是通过访问生产厂家的技术网站，对工程标准等技术文件进行在线实时浏览、下载和打印。

2.3　飞机结构零件图的识读

零件图是制造结构件的唯一依据。在一份零件图中，图纸页和零件清单一起给出制造零件所需的全部制造资料。一份零件图可能包含一个或者多个零件，但是，每一个零件是单独分开的，不连接在一起。

1．零件图的内容

零件图包括下列内容：

- 零件的尺寸和形状
- 公差配合
- 原材料尺寸和材料牌号
- 热处理
- 表面粗糙度
- 零件编号和标记说明
- 孔的位置
- 保护涂层
- 加工规范和标准
- 该零件将被用于的上一级结构件的图号

2. 零件图的识别

通过图纸标题栏中的零件名称，零件图很容易被识别。假如名称标题出现 ASSEMBLY 或 ASSY，以及 INSTALLATION 或 STALL 字样，该图就不是零件图；反之则是。例如：某一图纸标题栏中的图纸名称为"SHAFT-SPLINED，ENTRY DOOR"（花键轴，登机门），则该图是零件图。又如，图纸名称为"ANGLE-LATCH SUPPORT"，该图也是零件图。图纸的大小不能说明图纸类型。有的零件图图幅很小，而有的零件图图幅很大。图幅的大小取决于所表达零件的大小与复杂程度，零件图不表示零件的位置、方位或者紧固方法。零件图可能会给出有关紧固件最终安装位置的信息，但不会给出紧固件本身的信息。

3. 识读飞机结构零件图的步骤

现以飞机副翼后梁零件图为例，综合运用前面所学知识讲解如何识读飞机结构图纸，如图 2-41 所示。

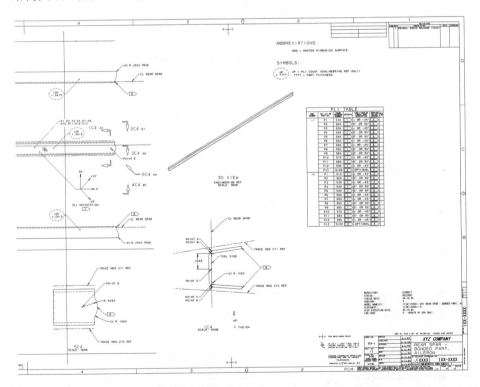

图 2-41　飞机副翼后梁零件图

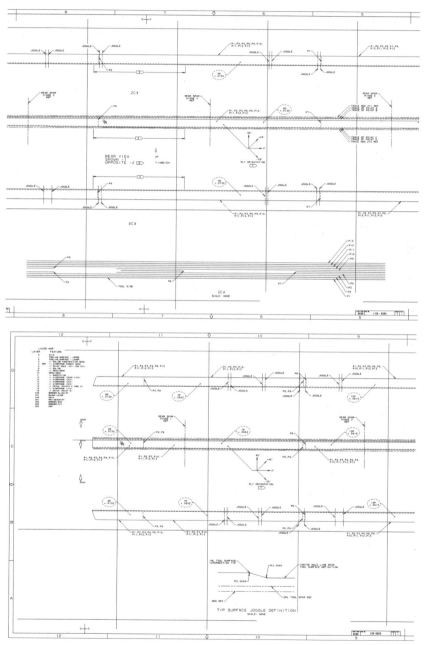

注：省略飞机副翼后梁的零件清单。

图 2-41 飞机副翼后梁零件图（续）

识读飞机结构零件图的一般步骤如下：
（1）识读标题栏。
（2）识读视图。分析视图，想象形状，分析细节，结合查阅零件清单看懂图纸。

2.4 飞机结构组件图的识读

组件图用于表达两个或两个以上零件的连接组合与装配，如图 2-4 所示。组件图还可表达零件的信息资料。

1. 组件图的内容

组件图主要包含以下内容：
- 零件清单
- 各零件如何装配（各零件之间的装配关系）
- 零件编号和标记说明
- 零件连接紧固方法
- 保护涂层
- 加工规范和标准
- 图中标记说明
- 含有该组件的上一级结构组件的图号

2. 组件图的识别

通过图纸标题栏中的图纸名称来识别组件图。如果图纸标题栏的图纸名称中有 ASSEMBLY 或者 ASSY 字样，则该图纸为组件图。下面是两个组件图的例子，其零件名称分别为"DOOR ASSEMBLY-CREW ENTRANCE"和"ROD ASSY-INBOARD, ELEVATOR CONTROL"。

假如，若在某组件图上详细表达某个零件，那么组件图应该给出制造这个零件所需的全部信息。另外，一份组件图也可以表达一个以上的组件。

2.5 装配图的识读

装配图主要用来表明零件和组件在飞机上的安装位置，如图 2-42 所示。装配图也可以用来表达零件和组件的信息资料。

情境 2　飞机结构图纸的识读

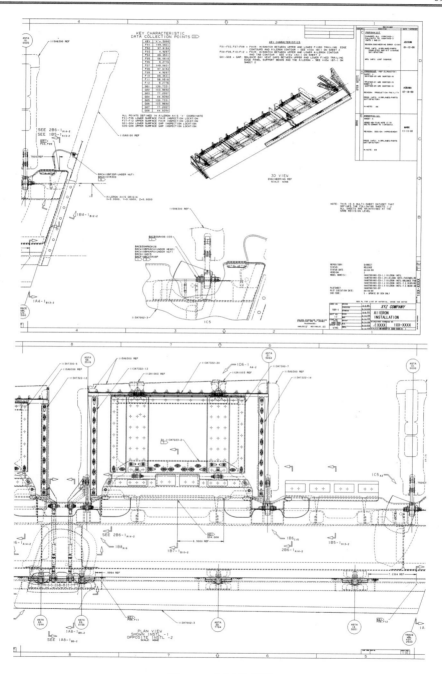

图 2-42　副翼装配图

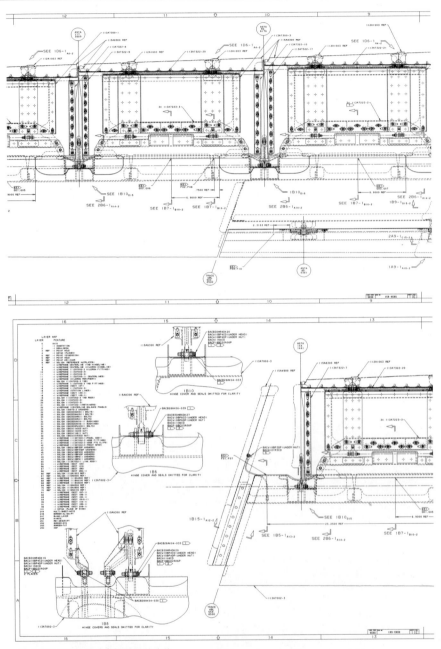

注：省略飞机副翼安装图的零件清单。

图 2-42 副翼装配图（续）

1. 装配图的内容
装配图包括以下内容：
- 零件清单
- 位置尺寸（相对于飞机结构）
- 件号和有效性
- 零件连接紧固方法
- 工艺规范和标准
- 图中标记说明
- 含有该装配件的上一级装配件的图号

2. 装配图的识别

通过图纸标题栏中的图纸名称，装配图很容易被识别。如果图纸标题栏的图纸名称中出现 INSTALLATION 或者 INSTL 字样，则该图纸为装配图。下面是两个装配图的例子，其零件名称分别为"BULKHEAD INSTALLATION-BODY STATION 311"和"RIB INSTL- WING STAION934.20 INSPAR RIB NO.29"。

假如在某装配图上要详细表达某个零件或者某个组件，则装配图会给出制造这个零件或者组件所需的全部信息。另外，一份装配图也可以表达一个以上的装配件。

3. 装配图与组件图的区别

装配图与组件图之间的区别是：装配图用于表达结构件或者组件在飞机上的相对位置，而组件图用于表达结构组件内各结构件之间的相对位置。除此之外，装配图与组件图包含的内容相同。

复习思考题

1. 第三角投影与第一角投影有哪些异同？
2. 画出第一角投影画法和第三角投影画法的标记符号。
3. 波音飞机工程图纸系统主要是由哪些图纸组成的？
4. 飞机结构图纸有哪几种类型？
5. 飞机工程图纸有哪些作用？
6. 列举最常用图纸的尺寸规格及其代号。

7. 一张飞机结构图纸分为哪几个主要的区域？

8. 识读图示结构图纸的标题栏，回答下列问题：图号、图纸名称、比例、图幅规格以及该图纸用于哪种型号的飞机。

(a)
```
USED ON   DRAWN    ADA     7-11-92     XYZ COMPANY
777       CHECKED  AARON   7-21-92
          STRESS   MACK    7-21-92     BRACKET, SPEAKER MOUNTING -
SECT NO.  ENGR     BURON   8-12-92     MAIN CABIN CEILING
14/S
CHNG NO.  GROUP    JAN     8-17-92     SIZE  CAGE CODE  DWG NO.
GROUP ORG PROJ     JACK    8-22-92     E     B1205      414W1025
                                       SCALE 2/1   ITEM 3131   SH 1
```

(b)
```
USED ON   DRAWN    ADA     7-11-92     XYZ COMPANY
747       CHECKED  AARON   7-21-92
          STRESS   MACK    7-21-92     BRACKET ASSY-SUPPORT
SECT NO.  ENGR     BURON   8-12-92     HYDRAULIC TUBING
44
CHNG NO.  GROUP    JAN     8-17-92     SIZE  CAGE CODE  DWG NO.
GROUP ORG PROJ     JACK    8-22-92     J     B1205      272U4419
                                       SCALE 1/1   ITEM 3131   SH 2
```

(c)
```
USED ON   DRAWN    ADA     7-11-92     XYZ COMPANY
737       CHECKED  AARON   7-21-92
          STRESS   MACK    7-21-92     SUPPORT STRUCTURE INSTL-
SECT NO.  ENGR     BURON   8-12-92     STOWAGE COMPT.A/C EXTRU
MS
CHNG NO.  GROUP    JAN     8-17-92     SIZE  CAGE CODE  DWG NO.
GROUP ORG PROJ     JACK    8-22-92     J     81205      65B34509
                                       SCALE 1/1   ITEM 3131   SH 9
```

9. 图纸的修订区位于图纸页的什么位置？修订区有哪些主要内容？

10. 解释下列图纸名称的含义并判断该图是什么图。

"ANGLE-LATCH SUPPORT"

"ROD ASSEMBLY-INBD, ELEVATOR CONTROL"

11. 有意义图纸编号系统编号，其左起第一位字码，如果分别是 1 和 2，那么这两个图分别表示什么图？

12. 波音飞机的识别代码 A、U、N、T 和 W，它们分别代表什么型号的飞机？

13. 无意义图纸编号系统编号，其左起第一位字码 6 表示什么？左起第二位字码又表示什么？

14. 在零件清单标题栏中所列出的图号与其相对应图纸上的图号有什么不同?

15. 解释图纸上的下列各种符号的含义。

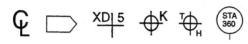

题 2-15 图

16. 解释图纸上的下列表示剖视图位置代号的含义:

SEE 1C4$_{C4}$ SEE 1B10$_{D15}$ SEE 1B4-1$_{B12-2}$

17. 波音飞机结构图纸上: 直径和圆弧半径的尺寸标注是如何标注的?

18. 通用公差通常标注在飞机结构图纸上的什么位置? 图纸上哪些尺寸应按通用公差制造?

19. 解释下列螺纹代号的含义:

0.750-10UNC-2A   7/8-14UNF-2B

20. 零件清单主要包含哪些内容? 完整型零件清单与简化型零件清单有哪些区别?

21. 图纸更改单的作用是什么?

22. 先行图纸更改单与普通图纸更改单有哪些区别?

23. 先行图纸更改单是以什么样的形式出现在图纸系统中的?

24. 识读零件图 (见图 2-41), 回答下列问题。

(1) 该零件的名称是什么?

(2) 该图的图幅大小是多少? 比例为多少?

(3) 解释图中剖面图符号 2C4$_{D7}$ 所表达的含义。

(4) 1C4 剖面图上尺寸.4928 的允许偏差为多少?

(5) 件-1 铺层 P10 的铺层角为多少?

(6) 该图修改了几次?

25. 识读组件图 (见图 2-4), 回答下列问题。

(1) 该组件的名称是什么?

(2) 该图的图幅大小是多少? 比例为多少?

(3) 解释图中 3 处形位公差所表达的含义。

(4) 解释图中紧固件标注符号的含义。

(5) 侧视图中尺寸.7400 的允许偏差为多少? 尺寸.0700 的允许偏差为多少? R.1200 的允许偏差为多少?

（6）该图修改了几次？修改处位于哪个区域？

（7）件-11 对材料纤维方向有什么要求？

26．识读装配图（见图 2-42），回答下列问题。

（1）该装配件的名称、比例、图纸图幅为多少？

（2）该装配图采用了哪些表达方法？

（3）解释剖视图位置代号的含义，并且找到相应的剖视图。

（4）举例说明通用公差、特殊公差在图中的应用。

（5）举例说明紧固件符号及其代号在图中的应用。

（6）解释修订栏内容的含义。

学习情境 3　飞机维修手册和技术文件的使用

3.1　概　　述

在飞机维护和修理工作中，维修人员常常需要查阅和使用各种修理手册，以获得飞机维护和修理所需的技术资料，比如飞机结构或者零构件的构造、材料、损伤程度判定标准，以及维护或者修理工艺程序等，并以此制定修理方案或者按照这些技术资料进行飞机维修工作等。

中国民用航空规章《维修与改装一般规则（CCAR-43）》中明确要求维修人员在对航空器或者航空器部件进行维修或者改装时，应当以"使用航空器制造厂的现行有效的维修手册或持续适航文件中的方法、技术要求或实施准则"完成相关维修工作。另外，在中国民用航空规章《大型飞机公共航空运输承运人运行合格审定规则（CCAR－121FS－R2）》中要求"飞机的初始维修方案（MS）应当以局方批准或者认可的维修审查委员会报告（MRBR）以及型号合格证持有人的维修计划文件（MPD）或者维修手册中制造商建议的维修方案为基础"。

常用的飞机维护和修理手册有：飞机维护手册（AMM）、图解零件目录（IPC）、结构修理手册（SRM）、翻修和零部件维护手册（OH/CMM）、故障隔离手册（FIM）、无损检测手册（NTM）、防腐手册（CPM）和线路图解手册（WDM）等。

根据手册的通用性，常用的飞机维护和修理手册可以分为客户化手册和非客户化手册。客户化手册因客户飞机选型不同、飞机构型差别、加改装情况、飞机出厂的时间、批次及客户提出的各种特殊要求而有所差别。因此，客户化手册有着明显的针对性，这类手册没有通用性，即使是同一型号飞机的维修手册，各航空公司之间也是不可互用的。另外，客户化手册持有人要及时将营运后飞机变化的情况（如完成有关服务通告和适航指令等情况）反馈给制造厂，以便定时修改相关手册。客户化手册主要包括飞机维护手册（AMM）、图解零件目录（IPC）、线路图解手册（WDM）和故障隔离手册（FIM）等手册。

非客户化手册又称为通用性手册，这类手册在不同的客户之间是可以通用的，其修改版次也是一致的。非客户化手册主要包括结构修理手册（SRM）、无损检测手册（NTM）、防腐手册（CPM）、翻修和零部件维护手册（OH/CMM）和 MPD 等手册。

上述这些维修手册都是由航空器制造厂家编制并且提供给客户的。如果客户每年向航空器制造厂家支付适当费用，航空器制造厂家作为一种技术支援形式有责任为客户持续提供飞机维修手册的改版服务。

通常，适航当局认可原厂家的技术资料，所以，航空器制造厂家的技术资料一般都没有经过适航当局的批准。这些被适航当局认可的技术资料，被称之为可接受的资料（Acceptable Data）。大部分技术资料的更改也不需要经适航当局的批准。但是，飞机结构修理手册（SRM）以及大部分牵涉到重大修理和重大改装的 SB 或者修理方案需经适航当局或者其委任代表批准。这些经适航当局或者其委任代表批准的技术资料，被称为批准的资料（Approved Data）。

常用的飞机维护和修理手册以纸质活页手册、光碟和缩微胶片以及在线服务（On-Line）的形式提供给航空公司或者飞机维修企业使用。纸质活页手册具有直观、不借助任何设备可直接阅读、便于插入修改页的优点，缺点是体积大、成本高。大多数机型的维修手册全套十几本，携带困难。光碟形式的手册具有体积小、容量大的优点，缺点是要在计算机上使用而且不能插页。缩微胶片形式的手册有盒式胶带和平片两种形式，常用的是盒式胶带，它具有体积较小、容量较大的特点，需在专用的阅读机上阅读。目前，缩微胶片形式的手册已被淘汰，取而代之的是光碟。随着计算机与网络技术的发展与普及，波音公司和空客公司都能够向航空公司提供在线服务（波音在线网站是 https://www.myboeingfleet.com；空客在线网站是 https://w3.airbus.com），只是波音在线网站需要账户和密码进行登录，而空客的网页需要专用证书和插件方可访问。目前，航空公司飞机维修人员大多都是通过使用计算机上网查阅手册和图纸等资料的。

由飞机制造厂家提供的且为适航当局批准或可接受的各种维护、修理手册作为法定技术文件，其完整性与可靠性直接影响到飞机维护和修理的质量。因此，在航空公司或者飞机维修单位通常都专门设立资料室（组）、资料科、资料处对各种手册技术文件实施管理和控制，以保证这些法定技术文件的完整性、有效性和可靠性。适航当局针对营运人和修理站进行检查的重要内容之一就是合法技术资料文件是否得到有效控制。

3.2 "ATA 100 规范"认知

常用飞机维修手册的章节号及其内容都是按照美国航空运输协会 ATA 100 规范（Air Transport Association of America Specification NO.100）的要求和规定编写的。ATA 100 规范是由美国航空运输协会组织与航空公司、航空制造厂合作，针对当时各飞机制造厂的各种技术资料的编号不统一、不方便交流的状况而制定的技术规范。ATA 100 规范将航空器按照系统、结构以及功能进行分类，并配以规定的章节编号，以便于航空器的技术出版物能够统一格式和基本系统分类，维修人员能够迅速而又准确地查阅所需要的技术资料。ATA 100 规范于 1956 年 6 月 1 日首次出版公布，其后进行了数次修订和改版。ATA 100 规范已为世界绝大多数国家所接受，它使各国的航空器设计、制造、使用、维护等部门在各种技术资料、文件、函电和报告等方面统一了编号，从而大大方便了技术交流，促进了航空事业的发展，同时改进了各种资料和文件的归档和管理，为走向国际标准化的资料管理创造了条件。

进入电子化时代，ATA 先后颁布了 ATA ISPEC 2000、ATA ISPEC2200 技术出版物规定。欧洲数个国家也联合出版了 S1000D 技术标准，用于规范现代运输设备（航空器、船舶、运输车辆）的电子化技术出版物。

3.2.1 ATA 100 规范的章节编码规则

ATA 100 规范按照航空器维修和勤务的项目、飞机系统、飞机结构和动力装置等内容进行设计分类，从而把航空器及其维护修理工作分为飞机总体、系统、结构、螺旋桨和发动机 5 类。然后，将每一类的主题内容编入相应的"章号"名下；每个主题内容又可以细分为若干个子课题，每一子课题编入相应的"节号"名下；每个子课题又可以再细分为若干个细课目，每一细课目编入相应的"目号"名下。这样就将某个主题内容分为大、中、小 3 个等级并配以对应的章、节、目编号进行分层次的编排。

ATA 100 规范的章、节、目编码规则使其内容编排清晰同时方便查找。其章、节、目的编号由 6 位数字组成，这 6 位数字分为 3 个单元，每单元两位数字，以"××-××-××"的形式表示。左起第一单元的数字表示章号，用来表达航空器大的维护、修理项目，以及飞机系统、机身、机翼、安定面以及发动机等飞机大部件的主题内容;第二单元的数字表示节号,用来表达子课题内容;第三单元的数字表示目号,用来表达细课目的内容。

例如:

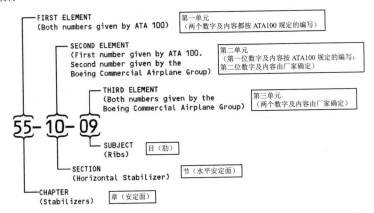

左起第一单元的数字表示章,55 按规定表示为飞机的安定面;第二组表示节,10 按规定表示水平安定面;第三组表示目,09 按规定表示为肋。上述表示节号的第二单元数字,其第二位数字可由飞机制造厂家给定并确定其内容;表示目号的第三单元的两位数字由飞机制造厂家给定并确定其内容。这样就使得不同的飞机制造厂家编制的维修手册在大方面是相同的,但在某些细节方面仍存在差异,例如,波音飞机的各种维修手册与空客飞机的各种维修手册存在一定的差异。即使同一厂家的飞机,各个型号飞机之间,甚至同一型号不同改进型之间的手册也存在某些细小的差异。

3.2.2 ATA 100 规范章节编号及其主题

ATA 100 规范规定的章节编号的范围是第 5~91 章。第 1~4 章是预留给客户的,用于客户编制的维修手册等。ATA 100 规范规定的章节编号及其主题名称如表 3-1 所示。

表 3-1 ATA 100 规范规定的章节编号及其主题名称

章节	主题名称	章节	主题名称
第 5 章	TIME LIMITS /MAINT. CHECK 时限/维护检查	第 9 章	TOWING & TAXIING 牵引和滑行
第 6 章	DIMENSION & AREAS 尺寸及区域划分	9-10	Towing 牵引

续表

章 节	主 题 名 称	章 节	主 题 名 称
6-10	Fuselage 机身	9-20	Hand Signaling 人工信号
6-20	Wing-Stations & Access 机翼站位及接近盖板	9-30	Taxiing 滑行
6-30	Nacelle/Pylon-Stations & Access 发动机吊舱/吊架站位及接近盖板	第 10 章	PARKING & MOORING 停放和系留
6-40	Tail Assembly-Stations & Access 尾翼站位及接近盖板	10-10	Parking 停放
第 7 章	LIFTING & SHORING 飞机顶升和支撑	10-20	Mooring 系留
7-10	Jacking 飞机顶升	第 11 章	PLACARDS & MARKINGS 铭牌及标志
7-20	Shoring 支撑	11-10	Exterior Color Schemes & Markings 外部颜色设计和标志
第 8 章	LEVELING & WEIGHING 校水平和称重	11-20	Exterior Placards & Marking 外部铭牌及标志
8-10	Leveling 校水平	11-30	Interior Placards & Markings 内部铭牌及标志
8-20	Weighting Procedures 称重程序	第 12 章	SERVICING 勤务
8-30	Weight & Balance Date 载重和平衡数据	12-10	Refueling-Defueling 加油/抽油
12-20	Oil Service 滑油勤务	16-40	External Ground Power 辅助地面电源
12-30	Hydraulic Servicing 液压系统勤务	第 17 章	FACILITIES EQUIPMENT 设施和设备
12-40	Water Service 水系统勤务	17-10	Heating System 加温系统
12-50	Waste Service 废物处理勤务	17-20	Air Conditioner 空调
12-60	Gaseous Service 补充气体勤务	17-30	Compressed Air 压缩空气

续表

章节	主题名称	章节	主题名称
12-70	Tire Service 轮胎勤务	17-40	Air Handling 通风
12-75	Fire Extinguisher 灭火瓶	17-50	Emergency Power 应急电源
12-80	Rain Repellent 排雨	17-60	Fire Protection 防火
12-90	Lubrication 润滑	17-70	Servicing 勤务
第 14 章	**EQUIPMENT OPERATION** 设备使用	17-80	Lifting Equipment 起重设备
14-10	Ground Operation Certification 地面使用鉴定	17-90	Misc. Equipment 其他设备
14-20	Engine Operation/System Check（Runup） 发动机操作/系统检查（试车）	第 20 章	**STANDARD PRACTICES-AIRFRAME** 施工标准-机身
14-30	Discrepancy Analysis & Correction （Trouble shooting） 故障分析及排除（故障分析）	第 21 章	**AIR CONDITIONING** 空调系统
第 15 章	**TRAINING OUTLINE** 训练大纲	21-10	Compression 压气机
第 16 章	**GROUND SUPPORT EQUIPMENT** 地面支援设备	21-20	Distribution 分配
16-10	Fixed Refuel Equipment 固定加油设备	21-30	Pressurization Control 增压控制
16-20	Motorized Vehicles 机动车辆	21-40	Heating 加温
16-30	Towed Vehicles 牵引车辆	21-50	Cooling 冷却
21-60	Temperature Control 温度控制	24-20	AC Generation 交流发电系统
21-70	Moisture/Air Contaminant Control 湿度/空气污染控制	24-30	DC Generation 直流发电系统

续表

章 节	主题名称	章 节	主题名称
第 22 章	AUTO FLIGHT 自动飞行	24-40	External Power 外部电源系统
22-10	Autopilot 自动驾驶	24-50	Electrical Load Distribution 电源负载分配
22-20	Speed-Attitude Correction（Mach Trim） 速度-姿态修正（马赫配平）	第 25 章	EQUIPMENT/FURNISHINGS 机舱设备/内装饰
22-30	Auto Throttle 自动油门	25-10	Flight Compartment 驾驶舱
22-40	System Monitor 系统监控	25-20	Passenger Compartment 客舱
22-50	Aerodynamic Load Alleviating 减压气动力负荷装置	25-30	Buffet And Galley 餐具间和厨房
第 23 章	COMMUNICATIONS 通信	25-40	Lavatories 盥洗室
23-10	HF 高频	25-50	Cargo Compartments 货舱
23-20	VHF 甚高频	25-60	Emergency 应急设备
23-30	Passenger Address & Entertainment 旅客广播和娱乐系统	25-70	Accessory Compartments 附件舱
23-40	Interphone 内话系统	25-80	Insulation 隔热材料
23-50	Audio Integrating 音频综合系统	第 26 章	FIRE PROTECTION 防火系统
23-60	Static Discharging 静电放电	26-10	Detection 探测
23-70	Audio Monitoring（CVR） 音频监听（舱内录音机）	26-20	Extinguishing 灭火
23-80	Integrated Automatic Tuning 整体自动调谐	26-30	Explosion Suppression 防爆
第 24 章	ELECTRICAL POWER 电源	第 27 章	FLIGHT CONTROLS 飞行控制系统

续表

章 节	主题名称	章 节	主题名称
24-10	Generator Drive（CSD） 发动机驱动-恒速传动装置	27-10	Aileron Tab Controls 副翼调整片操纵
27-20	Rudder And Tab Control 方向舵和调整片操纵	30-20	Air Intakes 进气道
27-30	Elevator And Tab Control 升降舵和调整片操纵	30-30	Pitot And Static 全压和静压管口
27-40	Horizontal Stab Control 水平安定面操纵	30-40	Windows, windshields & Doors 窗、风挡和门
27-50	Flaps-Trailing Edge Control 后缘襟翼操纵	30-50	Antennas And Radomes 天线和雷达罩
27-60	Spoiler, Drag Devices And Variable Aerodynamic Fairings Control 扰流板、减速装置和可变气动整流操纵	30-60	Propellers/Rotors 螺旋桨/旋翼
27-70	Gust Lock And Dampnent Control 阵风锁定及阻尼控制	30-70	Water Lines 水管
27-80	Lift Augmenting Control 增升装置操纵	30-80	Detection 探测
第 28 章	FUEL 燃油系统	第 31 章	INDICATING/RECORDING SYSTEM 指示/记录系统
28-10	Storage 油箱	31-10	Panels 仪表板
28-20	Distribution 分配	31-20	Independent Instruments 独立仪表
28-30	Dump 放油	31-30	Recorders 记录器
28-40	Indicating（Not Engine） 指示（不包括发动机）	31-40	Central Computers 中央计算机
第 29 章	HYDRAULIC POWER 液压系统	31-50	Central Warning System 中央警告系统
29-10	Main 主系统	31-60	Central Display Systems 中央显示系统

续表

章节	主题名称	章节	主题名称
29-20	Auxiliary 辅助系统	第 32 章	**LANDING GEAR** 起落架
29-30	Indicating 指示	32-10	Main Gear And Doors 主起落架和舱门
第 30 章	**ICE & RAIN PROTECTION** 防冰和排雨	32-20	Nose Gear & Doors 前起落架和舱门
30-10	Airfoil 翼面	32-30	Extension & Retraction 起落架的收、放
32-40	Wheel Assembly And Brakes 轮组合件和刹车	第 35 章	**OXYGEN** 氧气系统
32-50	Steering 转弯	35-10	Crew 机组
32-60	Position & Warning 位置及警告	35-20	Passenger 旅客
32-70	Supplementary Gear 辅助起落架	35-30	Portable 手提式
32-80	Service Clearance 使用间隙	第 36 章	**PNEUMATIC** 气源系统
第 33 章	**LIGHTS** 灯光	36-10	Distribution 分配
33-10	Flight Compartment 驾驶舱	36-20	Indicating 指示
33-20	Passenger Compartment 客舱	第 37 章	**VACUUM** 真空系统
33-30	Cargo & Service Compts. 货舱和勤务舱	37-10	Distribution 分配
33-40	Exterior 外部照明	37-20	Indicating 指示
33-50	Emergency Lighting 紧急照明	第 38 章	**WASTE/WATER** 废水/水
第 34 章	**NAVIGATION** 导航	38-10	Potable 饮用水

续表

章节	主题名称	章节	主题名称
34-10	Flight Environment Date 飞行情况数据	38-20	Wash 冲洗
34-20	Attitude And Direction 姿态及指引	38-30	Waste Disposal 废水处理
34-30	Landing & Taxi Aids 着陆和滑行辅助设备	38-40	Air Supply 气源
34-40	Independent Position Determining 自主位置判断	第39章	**ELECTRICAL/ELECTRONIC COMPONENTS AND MULTIFUNCTION UNITS** 电器/电子部件和多功能组件
34-50	Dependent Position Determining 非自主位置判断	第49章	**AIR BORNE AUXILIARY POWER** 机载辅助动力装置
34-60	Flight Management Computing 飞行管理计算	49-10	Powerplant 动力装置
49-20	Engine 发动机	53-10	Main Frames 主框架
49-30	Engine Fuel And Control 发动机燃油与控制	53-20	Auxiliary Structures 辅助结构
49-40	Ignition/Starting 点火/启动	53-30	Plate/Skin 板/蒙皮
49-50	Air 空气	53-40	Attach Fittings 连接接头
49-60	Engine Controls 发动机操纵	53-50	Aerodynamic Fairings 整流罩
49-70	Indicating 指示	53-60	Strakes 机身边条
49-80	Exhaust 排气	第54章	**NACELLES/PYLONS** 吊舱/吊架
49-90	Oil 滑油	54-10	Main Frame 主框架
第51章	**STRUCTURES/STANDARD PRACTICES** 结构/标准施工	54-20	Auxiliary Structures 辅助结构

续表

章 节	主题名称	章 节	主题名称
第 52 章	**DOORS** 门	54-30	Plates/Skin 板/蒙皮
52-10	Passenger/Crew 旅客/机组	54-40	Attach Fittings 连接接头
52-20	Emergency Exit 紧急出口	54-50	Fillets/Fairings 填角整流条/整流罩
52-30	Cargo/Baggage 货舱/行李舱	第 55 章	**STABILIZERS** 安定面
52-40	Service 服务设备	55-10	Horizontal Stabilizers 水平安定面
52-50	Fixed Interior 固定的内部装饰	55-20	Elevators 升降舵
52-60	Entrance Stairs 登机梯	55-30	Vertical Stabilizers 垂直安定面
52-70	Door Warning 门警告	55-40	Rudder 方向舵
52-80	Landing Gear 起落架舱门	55-50	Attach Fittings 连接接头
第 53 章	FUSELAGE 机身	第 56 章	**WINDOWS** 窗
56-10	Flight Compartment 驾驶舱	70-60	Servicing/Preservating 勤务/油封
56-20	Cabin 客舱	70-70	Testing 试验
56-30	Door 门	70-80	Processes 工艺规程
56-40	Inspection & Observation 检查与观察	70-90	Parts Manufacturing 零部件制造
第 57 章	**WINGS** 机翼	第 71 章	**POWER PLANT GENERAL** 动力装置概述
57-10	Main Frame 主框架	71-10	Cowling 整流罩

续表

章节	主题名称	章节	主题名称
57-20	Auxiliary Structure 辅助结构	71-20	Mounts 装架
57-30	Plates/Skin 板/蒙皮	71-30	Fireseals 防火封严条
57-40	Attach Fittings 接连接头	71-40	Attach Fittings 连接接头
57-50	Flight Surfaces 飞行操纵面	71-50	Electrical Harness 电气导线束
第 60 章	STANDARD PRACTICES-PROPELLER 标准施工-螺旋桨	71-60	Air Intakes 进气
第 61 章	PROPELLERS 螺旋桨	71-70	Engine Drains 发动机放沉淀
第 70 章	STANDARD PRACTICES-ENGINE 标准施工-发动机	第 72 章	ENGINE（TURBINE/TURBOPROP） 发动机（涡轮/涡桨）
70-10	Cleaning 清洗	72-10	Reduction Gear And Shaft Section 减速齿轮及轴部段
70-20	Inspection/Check 检验/检查	72-20	Air Inlet Section 进气部段
70-30	Correction/Rep. 校正/修理	72-30	Compressor Section 压气机部段
70-40	Disassembly/Assembly 分解/装配	72-40	Combustion Section 燃烧部段
70-50	Materials/Hardware 材料/金属零件	72-50	Turbine Section 涡轮部段
72-60	Accessory Drives 辅助传动	77-10	Power 动力
72-70	By-Pass Section 内外函部段	77-20	Temperature 温度
第 73 章	ENGINE FUEL AND CONTROL 发动机燃油和控制系统	77-30	Analyzers 分析器
73-10	Distribution 分配	77-40	Integrated Engine Instrument Systems 综合发动机仪表系统

续表

章　节	主题名称	章　节	主题名称
73-20	Controlling 控制	第 78 章	**EXHAUST** 排气系统
73-30	Indicating 指示	78-10	Collector/Nozzle 集流环/喷口
第 74 章	**IGNITION** 点火	78-20	Noise Suppressor 消音器
74-10	Elect.Power Supply 电源	78-30	Thrust Reverser 反推器
74-20	Distribution 分配	78-40	Supplementary Air 补充空气
74-30	Switching 转换	第 79 章	**OIL** 滑油
第 75 章	**AIR** 空气系统	79-10	Storage 储存
75-10	Eng.Anti-Icing 发动机防冰	79-20	Distribution 分配
75-20	Accessory Cooling 附件冷却	79-30	Indication 指示
75-30	Compressor Bleed Control 压气机引气控制	第 80 章	**STARTING** 起动系统
75-40	Indicating 指示	80-10	Cranking 手摇起动
第 76 章	**ENGINE CONTROL** 发动机控制系统	第 81 章	**TURBINE** 涡轮
76-10	Power Control 动力控制	81-10	Power Recovery 功率恢复
76-20	Emergency Shutdown 紧急停车	81-20	Turbo-Supercharger 涡轮增压器
第 77 章	**ENGINE INDICATING** 发动机显示	第 82 章	**WATER INJECTION** 喷水
第 83 章	**ACCESSORY GEAR BOXES** 附件齿轮箱	83-20	Gear Box Section 齿轮箱部段
83-10	Drive Shaft Section 传动轴部段	第 91 章	**CHARTS** 图表

3.3 飞机结构修理手册

3.3.1 飞机结构修理手册的作用

- 飞机结构修理手册是由飞机制造厂家制定并且经航空器型号设计批准所在国的适航当局批准的。飞机结构修理手册是维修单位对飞机结构进行维护和修理的法定技术文件之一，是制定飞机结构维护和修理方案的依据。
- 飞机修理手册主要提供飞机结构修理的资料。通过飞机结构修理手册可获得以下信息资料：
  - ➢ 飞机结构材料的识别，包括合金牌号、热处理状态、外形工艺、表面防护工艺、修理中材料替代要求等。
  - ➢ 连接紧固件件号和替代要求等。
  - ➢ 结构允许损伤的标准。对于结构不同部位所出现的各类损伤，SRM 作了图解介绍，并给出界定允许的损伤形式和界限值以及处置要求。
  - ➢ 飞机结构修理通用的施工工艺技术。
  - ➢ 典型结构或结构件的修理方案。
  - ➢ 飞机结构及主要结构元件的图解说明。

3.3.2 飞机结构修理手册的编排结构

下面以波音 B737-800 飞机结构修理手册为例来说明飞机结构修理手册的编排结构、内容及其使用，并且以缩略语 SRM 来代指飞机结构修理手册。

SRM 是按 ATA 100 规范的规则编排的，其编排结构由扉页和正文两大部分组成。

1. 扉页（FM，Front Matter）

扉页通常包含以下内容：
- 手册封面标题（Title）
- 飞机的有效性（Effective Aircraft）
- 资料发送说明（Transmittal Letter）
- 修订重点说明（Highlights）

- 扉页部分有效页清单（Effective Page）
- 正文部分有效章清单（Effective Chapter）
- 修订记录（Revision Record）
- 临时修订记录（Record of Temporary Revision）
- 服务通告清单（Service Bulletin List）
- 简介（Introduction）

2．正文

正文部分有 7 章内容：
- 第 51 章——结构概述（STRUCTURES -GENERAL）
- 第 52 章——舱门（DOORS）
- 第 53 章——机身（FUSELAGE）
- 第 54 章——发动机吊舱/吊架（NACELLES/PYLONS）
- 第 55 章——安定面（STABILIZERS）
- 第 56 章——窗户（WINDOWS）
- 第 57 章——机翼（WINGS）

3.3.3　飞机结构修理手册扉页内容认知

1．手册封面

飞机结构修理手册封面印有"XXX 型飞机结构修理手册"字样。维修人员要根据具体维修飞机的机型，查阅相应型号飞机的手册。

2．飞机的有效性

该部分列出了本手册对其有效的飞机编号，如图 3-1 所示。使用或者查阅某型号的飞机结构修理手册，首先应确定该手册对此飞机是否有效。例如：一架注册号为 B-2696、型号为 B737-81B 的飞机，现需查阅其飞机结构修理方面的资料。首先，应根据具体机型查找相应型号的飞机结构修理手册，本例为 B737-81B 飞机，应查阅 B737-800 结构修理手册，然后查阅该手册的飞机有效性页码块（段），查看该飞机的有效性，本例在有效性页码（块）段中查到注册号为 B-2696、型号为 B737-81B 的飞机，则说明该手册对此飞机有效、适用。有效性这一部分还包含航空公司代码、系列号、生产线号等信息。

3．资料发送说明

介绍 SRM 修订后发送给客户的形式：纸质文件形式、微缩胶卷或数码形式，另有资料更新的相关注意事项，如图 3-2 所示。

STRUCTURAL REPAIR MANUAL

Model-Series	Operator		Manufacturer				Registration Number
	Identification Code	Effectivity Code	Block Number	Serial Number	Basic Number	Line Number	
...	...	...	...	...	...	...	...
...	...	...	...	...	...	...	...
...	...	...	...	...	...	...	...
737-844	SAA	183	YD483	32633	Y1661	1225	ZS-SJT
737-85R	JPL	811	YC741	30410	Y1662	1228	VT-JGA
737-81B	GUN	004	YJ674	32924	Y1663	1230	B-2696
...	...	...	...	...	...	...	...
...	...	...	...	...	...	...	...

EFFECTIVE AIRCRAFT

page X
month/date/year

图 3-1　飞机的有效性

STRUCTURAL REPAIR MANUAL

Revision No. X
month/date/year

The Structural Repair Manual (SRM) is furnished either as a printed manual, on microfilm, or digital products, or any combination of the three. This revision replaces all previous microfilm cartridges or digital products. All microfilm and digital products are reissued with all obsolete data deleted and all updated pages added.

For printed manuals, changes are indicated on the List of Effective Pages (LEP). The pages which are revised will be identified on the LEP by an R (Revised), A (Added), O (Overflow, i.e. changes to the document structure and/or page layout), or D (Deleted). Each page in the LEP is identified by Chapter-Section-Subject number, page number and page date.

Pages replaced or made obsolete by this revision should be removed and destroyed.

ATTENTION

IF YOU RECEIVE PRINTED REVISIONS, PLEASE VERIFY THAT YOU HAVE RECEIVED AND FILED THE PREVIOUS REVISION. BOEING MUST BE NOTIFIED WITHIN 30 DAYS IF YOU HAVE NOT RECEIVED THE PREVIOUS REVISION. REQUESTS FOR REVISIONS OTHER THAN THE PREVIOUS REVISION WILL REQUIRE A COMPLETE MANUAL REPRINT SUBJECT TO REPRINT CHARGES SHOWN IN THE DATA AND SERVICES CATALOG.

TRANSMITTAL LETTER

page X
month/date/year

图 3-2　资料发送说明

4. 修改要点

介绍 SRM 的改版内容和内容改变的形式，如内容的更新、添加或者删除，如图 3-3 所示。

```
                    STRUCTURAL REPAIR MANUAL
Location of Change       Description of Change
CHAPTER 51
51-10-02
  GENERAL               Added a note for clarification.
51-30-01
  GENERAL               Changed the repair data.
                        Changed the data in the References list.
                        Changed reference from "51-20-01" to "51-20-02, GENERAL"

CHAPTER 53
53-10-15
  PGBLK 53-10-15-0I     Added a new procedure.
  PGBLK 53-10-15-1A     Added a new procedure.
  PGBLK 53-10-15-2R     Added repair procedure.
53-10-51
  PGBLK 53-10-51-2R     Added a new procedure for damage to a machined floor intercostal.

CHAPTER 54
54-70-90
  PGBLK 54-70-90-1A     Added new procedure.

CHAPTER 57
57-20-90
  REPAIR 2              Changed the data in the References list.
57-53-02
  ALLOWABLE DAMAGE 1    Changed the data in the References list.
                        Added allowable damage limits data.
57-53-70
  IDENTIFICATION 2      Changed the graphics data.


                                              HIGHLIGHTS
                                              Page X
                                              month/date/year
```

图 3-3 修改要点

5. 扉页部分受本次修订影响的页（如图 3-4 所示）

其中，A=Added 表示增加内容；R=Revised 表示修订；O=Overflow 表示改变了文件结构和/或文件页面的编排；D=Deleted 表示删除。

```
STRUCTURAL REPAIR MANUAL

Subject/Page    Date              Subject/Page    Date              Subject/Page    Date
TITLE PAGE                        EFFECTIVE AIRCRAFT (cont)         INTRODUCTION (cont)
O  1     Mar 10/2009              R  37    Mar 10/2009              4     Nov 10/2006
   2     BLANK                    R  38    Mar 10/2009              5     Nov 01/2003
EFFECTIVE AIRCRAFT                R  39    Mar 10/2009              6     Nov 01/2003
   1     Nov 10/2008                 40    Jul 10/2008              7     Nov 01/2003
   2     Nov 10/2008              R  41    Mar 10/2009              8     Nov 01/2003
R  3     Mar 10/2009              R  42    Mar 10/2009              9     Mar 10/2007
   4     Mar 10/2008                 43    Nov 10/2008             10     BLANK
   5     Mar 10/2008              R  44    Mar 10/2009
   6     Jul 10/2008               R  45    Mar 10/2009
R  7     Mar 10/2009              R  46    Mar 10/2009
R  8     Mar 10/2009              R  47    Mar 10/2009
   9     Nov 10/2008              R  48    Mar 10/2009
  10     Jul 10/2008              A  49    Mar 10/2009
R 11     Mar 10/2009              A  50    Mar 10/2009
R 12     Mar 10/2009              TRANSMITTAL LETTER
R 13     Mar 10/2009              R  1     Mar 10/2009
  14     Nov 10/2008                 2     Nov 10/2007
  15     Nov 10/2008              HIGHLIGHTS
  16     Nov 10/2008              R  1     Mar 10/2009
  17     Nov 10/2008              O  2     BLANK
R 18     Mar 10/2009              EFFECTIVE PAGES
R 19     Mar 10/2009                 1     Mar 10/2009
  20     Mar 10/2008                 2     BLANK
  21     Mar 10/2008              EFFECTIVE CHAPTERS
R 22     Mar 10/2009              R  1     Mar 10/2009
R 23     Mar 10/2009                 2     BLANK
  24     Jul 10/2008              REVISION RECORD
  25     Mar 10/2008                 1     Nov 01/2003
R 26     Mar 10/2009                 2     Nov 01/2003
R 27     Mar 10/2009              RECORD OF TEMPORARY REVISIONS
R 28     Mar 10/2009                 1     Nov 10/2006
R 29     Mar 10/2009                 2     Nov 10/2006
  30     Jul 10/2008              SERVICE BULLETIN LIST
R 31     Mar 10/2009                 1     Jul 10/2004
R 32     Mar 10/2009                 2     BLANK
R 33     Mar 10/2009              INTRODUCTION
R 34     Mar 10/2009                 1     Nov 01/2003
R 35     Mar 10/2009                 2     Nov 10/2006
R 36     Mar 10/2009                 3     Mar 10/2007

A = Added, R = Revised, O = Overflow, D = Deleted

                                                EFFECTIVE PAGES
                                                        Page X
                                                    month/date/year
```

图 3-4　扉页部分受本次修订影响的页

6. 正文部分受本次修订影响的章节

在扉页的正文部分有效章清单中，章号前有 R 字母的章表示正文部分受本次修订影响。例如，图 3-5 中所示的 51 章、53 章、54 章和 57 章前有 R，表示这些章本次有做修订；反之，则没有修订，例如图 3-5 中的 52 章、55 章和 56 章。

```
STRUCTURAL REPAIR MANUAL

    Chapter   Date          Title
R   51        Mar 10/2009   STRUCTURES - GENERAL
    52        Jul 10/2008   DOORS
R   53        Mar 10/2009   FUSELAGE
R   54        Mar 10/2009   NACELLES/PYLONS
    55        Nov 10/2007   STABILIZERS
    56        Jul 10/2007   WINDOWS
R   57        Mar 10/2009   WINGS


                              EFFECTIVE CHAPTERS
                              Page X
                              month/date/year
```

图 3-5　正文部分受本次修订影响的章节

7. 修订改版记录

飞机制造厂家每年定期对 SRM 进行改版，使其内容更新。波音商用飞机公司每年对不同型号飞机的飞机结构修理手册分别进行 3 次修订。飞机型号不同，修订的时间也不同，具体改版时间如表 3-2 所示。空客公司对飞机结构修理手册每 3 个月修订一次。

表 3-2　改版时间记录表

机　　型	改版时间（每年）
B737	3 月 10 日、7 月 10 日和 11 月 10 日
B747	2 月 20 日、6 月 20 日和 10 月 20 日
B757	1 月 20 日、5 月 20 日和 9 月 20 日
B767	4 月 15 日、8 月 15 日和 12 月 15 日
B777	1 月 15 日、5 月 15 日和 9 月 15 日

每本手册的版本号和改版日期都印在手册的封面。“改版记录”部分用于记录本手册的正常改版信息。在使用某本 SRM 之前，必须通过该部分查看最新改版日期，确认该手册是最新并且有效的。改版记录如图 3-6 所示。

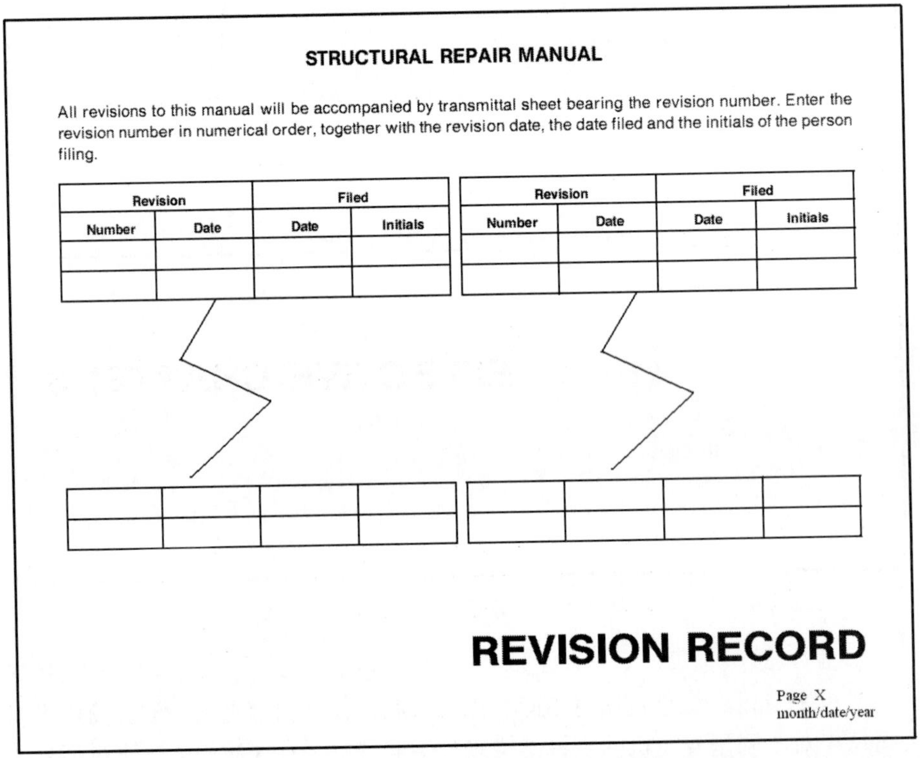

STRUCTURAL REPAIR MANUAL

All revisions to this manual will be accompanied by transmittal sheet bearing the revision number. Enter the revision number in numerical order, together with the revision date, the date filed and the initials of the person filing.

Revision		Filed		Revision		Filed	
Number	Date	Date	Initials	Number	Date	Date	Initials

REVISION RECORD

Page X
month/date/year

图 3-6　改版记录

8．临时修订改版记录

在正常改版的时间未到，但又必须对手册进行修改的情况下，飞机制造厂家会对手册进行临时改版。通常，临时改版的内容要用黄色的纸张打印，以示区别，并且要及时将其加到纸质活页手册里。按服务通告要求进行的临时修理，其内容会以活页的形式保存在手册中，直到服务通告所要求的内容被修改完成为止。临时修订改版记录如图 3-7 所示。

STRUCTURAL REPAIR MANUAL

All temporary revisions to this manual will be accompanied by a cover sheet bearing the temporary revision number. Enter the temporary revision number in numerical order, together with the temporary revision date, the date the temporary revision is inserted and the initials of the person filing.
When the temporary revision is incorporated or cancelled, and the pages are removed, enter the date the pages are removed and the initials of the person who removed the temporary revision.

Temporary Revision		Inserted		Removed	
Number	Date	Date	Initials	Date	Initials

Temporary Revision		Inserted		Removed	
Number	Date	Date	Initials	Date	Initials

RECORD OF TEMPORARY REVISION

Page X
month/date/year

图 3-7　临时修订改版记录

如果是电子版格式，可以在每个章节中查看到临时修订改版记录的文件。

9．服务通告清单

该清单列出了飞机制造厂家发出的相关服务通告。服务通告清单如图 3-8 所示。

```
STRUCTURAL REPAIR MANUAL

| Number        | Incorporated             | Started/Completed | ATA                  | Subject                                                          |
|---------------|--------------------------|-------------------|----------------------|------------------------------------------------------------------|
| SB 737-55-1062 | MAR 10/2001              | S                 | 55-40-02             | RUDDER - Leading Edge Rib Inspection - Installation              |
| SB 737-55-1067 | MAR 10/2001              | S                 | 55-10-90             | Stabilizer - Horizontal Stabilizer - Hinge Plate Replacement     |
| SB 737-55-1069 | MAR 10/2001 MAR 10/2001  | S                 | 51-60-07 55-40-02    | RUDDER - Lower Closure Rib & Rudder Hinge Plate Nut - Replacement |

A = Added, R = Revised

SERVICE BULLETIN LIST
Page X
month/date/year
```

图 3-8 服务通告清单

10. 简介

该部分主要介绍本手册的编排、章节目、图号和页码块号的数字编码规则、本手册的使用方法以及手册修订服务等。

（1）SRM 中第 51 章的主题内容以及使用页码和图号范围的规定，如表 3-3 所示。

表 3-3　第 51 章中页码和图号范围的使用规定

第 51 章中的主题内容	使用的页码范围	使用的图号范围
General Information 概述	1～99 页 以 1 开始，按顺序排列	图 1～99 以图 1 开始，按顺序排列
Repair General 修理概述	201～999 页 以 201 开始，按顺序排列	图 201～999 以图 201 开始，按顺序排列
修理程序 1, 2, 3, …	201～999 页 以 201 开始，按顺序排列	图 201～999 以图 201 开始，按顺序排列

（2）SRM 中第 52～57 章中主题内容的页码和图号范围的规定，如表 3-4 所示。

表 3-4　第 52 章～第 57 章中页码和图号范围的使用规定

第 52～第 57 章中的主题内容	使用的页码范围	使用的图号范围
General Information 综述	1～99 页 以 1 开始，按顺序排列	图 1～99 以图 1 开始，按顺序排列
Identification General 结构识别	1～99 页 以 1 开始，按顺序排列	图 1～99 以图 1 开始，按顺序排列
Allowable Damage General 允许损伤界定	101～199 页 以 101 开始，按顺序排列	图 101～199 以图 101 开始，按顺序排列
Repair General 修理概述	201～999 页 以 201 开始，按顺序排列	图 201～999 以图 201 开始，按顺序排列
修理程序 1, 2, 3, …	201～999 页 以 201 开始，按顺序排列	图 201～999 以图 201 开始，按顺序排列

注：如果说明某个主题内容的使用页码范围不够用，则可附加英文字母。例如，主题内容是"允许损伤界定"，说明它的页码是在第 101～199 页的范围内，如果不够用，则可用 199A、199B、…、199Z 表达。

3.3.4　飞机结构修理手册正文部分子课题内容及节号的编排

SRM 正文部分由第 51～57 章组成，其中每一章的内容都是由有效页清单、章目录和正文 3 部分组成的。

有效页清单列出了本章每页的最近修订日期，如图 3-9 所示。

章目录列出了主题、章节号、页码和有效性，如图 3-10 所示。

正文部分按节、目的顺序叙述主题内容。

1．第 51 章子课题内容及节号的编排

（1）SRM 中第 51 章的主要内容

SRM 第 51 章是较特殊的章节，它主要介绍关于飞机结构分类、气动光滑性、飞机结构材料、材料表面保护处理工艺、紧固件、飞机的顶升、各种典型修理和飞行操纵面配平等一些通用性内容。

（2）SRM 第 51 章子课题内容及节号的编排

- 51-00　概述（Structures-General）。介绍飞机主要尺寸、飞机站位参考基准面、结构件分类、结构修理定义及分类和常用缩略字词、术语解释等内容。
- 51-10　检查、损伤去除以及气动光滑性要求（Inspection and Removal of Damage and Aerodynamic Smoothness Requirements）。介绍损伤的不同形式及其检测、去除损伤的工具和标准施工工艺和飞机气动敏感区域及其等级的划分、飞机各部分外表气动光滑性要求等内容。

STRUCTURAL REPAIR MANUAL
CHAPTER 51
STRUCTURES - GENERAL

Subject/Page	Date	Subject/Page	Date	Subject/Page	Date
EFFECTIVE PAGES		51-00-04 GENERAL (cont)		51-10-01 GENERAL (cont)	
1 thru 17	Mar 10/2009	2	Jul 10/2008	13	Nov 10/2006
18	BLANK	3	Nov 10/2006	14	Mar 10/2006
51–CONTENTS		4	Nov 01/2003	15	Mar 10/2006
1	Nov 10/2004	5	Nov 10/2006	16	Mar 10/2006
2	Nov 10/2004	6	Nov 01/2003	17	Mar 10/2006
3	Nov 10/2004	7	Nov 01/2003	18	Nov 10/2007
4	Nov 10/2004	8	Nov 01/2003	19	Nov 01/2003
5	Nov 10/2004	9	Nov 10/2006	20	Nov 01/2003
6	Nov 10/2004	10	Nov 10/2006	21	Nov 01/2003
7	Jul 10/2007	11	Nov 10/2006	22	Nov 01/2003
8	Nov 10/2006	12	Nov 10/2006	23	Nov 01/2003
9	Mar 10/2007	13	Nov 10/2006	24	Nov 01/2003
10	BLANK	14	Nov 10/2006	25	Nov 01/2003
51-00-00 GENERAL		51-00-05 GENERAL		26	Nov 01/2003
1	Nov 01/2003	1	Nov 10/2004	27	Nov 01/2003
2	BLANK	2	BLANK	28	Nov 01/2003
51-00-01 GENERAL		51-00-06 GENERAL		29	Mar 10/2006
1	Nov 01/2003	1	Nov 10/2005	30	Nov 01/2003
2	Nov 01/2003	2	Nov 10/2005	31	Nov 10/2006
3	Nov 01/2003	3	Nov 10/2005	32	Nov 10/2006
4	Nov 01/2003	4	BLANK	33	Nov 10/2006
5	Nov 01/2003	51-00-07 GENERAL		34	Nov 10/2006
6	Nov 01/2003	1	Nov 01/2003	35	Nov 10/2006
7	Nov 01/2003	2	Nov 01/2003	36	Nov 10/2006
8	Nov 01/2003	3	Nov 01/2003	37	Nov 10/2006
9	Nov 01/2003	4	Nov 01/2003	38	Nov 10/2006
10	Nov 01/2003	51-10-01 GENERAL		39	Nov 10/2006
51-00-02 GENERAL		1	Nov 01/2003	40	Nov 10/2006
1	Nov 01/2003	3	Nov 01/2003	41	Nov 10/2006
2	BLANK	4	Nov 01/2003	42	Nov 10/2006
51-00-03 GENERAL		5	Nov 01/2003	43	Nov 10/2006
1	Nov 01/2003	6	Nov 01/2003	44	Nov 10/2006
2	Nov 01/2003	7	Nov 01/2003	45	Nov 10/2006
3	Nov 01/2003	8	Nov 01/2003	46	BLANK
4	Nov 01/2003	9	Jul 10/2004	51-10-02 GENERAL	
5	Nov 01/2003	10	Nov 10/2006	1	Nov 10/2008
6	BLANK	11	Nov 10/2006	2	Jul 10/2004
51-00-04 GENERAL		12	Nov 10/2006	R 3	Mar 10/2009
1	Jul 10/2008			O 4	Mar 10/2009

A = Added, R = Revised, O = Overflow, D = Deleted

51-EFFECTIVE PAGES

Page X
month/date/year

图 3-9　有效页清单

STRUCTURAL REPAIR MANUAL
CHAPTER 51
STRUCTURES - GENERAL

SUBJECT	CHAPTER SECTION SUBJECT
STRUCTURES - GENERAL	51-00-00
GENERAL - Structures	
AIRPLANE REFERENCE	51-00-01
GENERAL - Definitions of Reference Planes, Reference Lines, and General Abbreviations	
MAJOR ASSEMBLY AND INSTALLATION BREAKDOWN	51-00-02
GENERAL - Major Installation and Integration Drawings	
DIMENSIONS	51-00-03
GENERAL - Principal Dimensions	
STRUCTURAL CLASSIFICATION	51-00-04
GENERAL - Structural Classification	
STRUCTURAL REPAIR CROSS REFERENCES	51-00-05
GENERAL - Cross References for Boeing Source Documents	
STRUCTURAL REPAIR DEFINITIONS	51-00-06
GENERAL - Structural Repair Definitions	
DEFINITIONS OF TERMS	51-00-07
GENERAL - Definitions of Terms Used in the Structural Repair Manual (SRM)	
AERODYNAMIC SMOOTHNESS	51-10-01
GENERAL - Aerodynamic Smoothness Requirements	
INSPECTION AND REMOVAL OF DAMAGE	51-10-02
GENERAL - Inspection and Removal of Damage	
SKIN WAVINESS INSPECTION FOR RVSM OPERATION	51-10-03
GENERAL - Reduced Vertical Separation Minimum (RVSM) Requirements	
AIRPLANE OPERATION WITH MISSING FASTENERS IN SECONDARY STRUCTURE	51-10-05
GENERAL - Instructions to Permit Airplane Operation With Missing Fasteners in Secondary Structure	
PROTECTIVE TREATMENT OF METALLIC AND COMPOSITE MATERIALS	51-20-01
GENERAL - Protective Treatment of Metallic and Composite Materials	

51-CONTENTS

Page X
month/date/year

图 3-10　第 51 章目录

- 51-20 金属和复合材料表面保护处理（Protective Treatment of Metallic and Composite Materials）。介绍化学转换涂层、镀层、漆层以及密封剂等各类表面处理材料的性能与施工工艺，常用表面防腐处理工艺、硬度测试、喷丸、热损伤评估、复合材料上孔加工工艺和铝合金冷冻塞修理工艺等内容。
- 51-30 结构材料（Materials）。介绍常用钣金材料、金属材料、非金属材料、有毒有害材料和复合材料的规格、牌号及其替代关系、钣金弯曲最小半径要求、结构挤压件、钣弯件和常用修理工作的工具设备等内容。
- 51-40 紧固件（Fasteners）。介绍紧固件的分类、紧固件件号及其标识、各种紧固件的安装和拆卸、紧固件替代信息、安装力矩要求、紧固件孔尺寸要求、边距要求、紧固件强度、孔冷挤压强化和紧固件松动检查程序等内容。
- 5l-50 飞机对称性检查和修理时对飞机的支撑（Support of Airplane for Repair and Alignment Check Procedures）。介绍飞机对称性、迎角等检查程序和飞机修理时对飞机的支撑等内容。
- 51-60 飞机操纵面的配平（Control Surface Balancing）。介绍副翼、升降舵和方向舵等操纵面的配平程序。
- 51-70 典型修理工艺（Repairs）。介绍钣金件小凹坑损伤的修理工艺、金属件粘接修理工艺、铝蜂窝结构修理工艺、典型的钣弯件和挤压件修理工艺和各种复合材料结构件的修理工艺等。

2. SRM 第 52 章～第 57 章子课题内容及节号的编排

SRM 第 52 章～第 57 章主要介绍飞机各大部件的结构、材料、可允许损伤鉴定标准、各种损伤的典型修理方案。

SRM 第 52 章～第 57 章子课题内容及节号的编排如下：
- 第 52 章 舱门
  - 52-00 概述（Doors-General）
  - 52-10 乘客/机组舱门（Passenger/Crew Entry Doors）
  - 52-20 应急出口舱门（Emergency Exit）
  - 52-30 货舱门（Cargo Doors）
  - 52-40 勤务舱门（Service Doors）
  - 52-41 设备接近门（Equipment Access Door）
  - 52-60 前机载登机梯门（Forward Airstair Door）

- ➢ 52-80 起落架舱门（Landing Gear Doors）
- 第 53 章 机身
  - ➢ 53-00 机身概述（Fuselage-General）
  - ➢ 53-10 机身 41 段（Fuselage-Section41）
  - ➢ 53-30 机身 43 段（Fuselage-Section43）
  - ➢ 53-40 机身 44 段（Fuselage-Section44）
  - ➢ 53-60 机身 46 段（Fuselage-Section46）
  - ➢ 53-70 机身 47 段（Fuselage-Section47）
  - ➢ 53-80 机身 48 段（Fuselage –Section48）
- 第 54 章 发动机吊舱
  - ➢ 54-00 发动机吊舱/吊架概述（Nacelles/Pylons）
  - ➢ 54-10 进气道整流罩（Inlet Cowl）
  - ➢ 54-20 风扇整流罩（Fan Cowl）
  - ➢ 54-30 风扇反推装置整流罩（Fan Thrust Reverser Cowl）
  - ➢ 54-40 发动机排气装置（Exhaust）
  - ➢ 54-50 发动机吊架（Pylon）
- 第 55 章 安定面
  - ➢ 55-10 水平安定面（Horizontal Stabilizer）
  - ➢ 55-20 升降舵（Elevator）
  - ➢ 55-30 垂直安定面（Vertical Stabilizer）
  - ➢ 55-40 方向舵（Rudder）
- 第 56 章 窗户
  - ➢ 56-00 概述（Windows-General）
  - ➢ 56-10 驾驶舱窗户（Flight Compartment-Windows）
  - ➢ 56-20 客舱窗户（Cabin-Windows）
  - ➢ 56-30 门上窗户（Door-Windows）
  - ➢ 56-40 检查和观察窗（Inspection and Observation-Windows）
- 第 57 章 机翼
  - ➢ 57-00 概述（Wing-General）
  - ➢ 57-10 中央翼（Center Wing）
  - ➢ 57-20 外翼（Outer Wing）
  - ➢ 57-30 翼尖（Wing Tip）
  - ➢ 57-41 机翼前缘（Wing Leading Edge）

- ➢ 57-42 前缘缝翼（Wing Leading Edge Slat）
- ➢ 57-43 前缘缝翼和襟翼（Wing Leading Edge Slat and Flap）
- ➢ 57-51 机翼固定后缘（Wing Fixed Trailing Edge）
- ➢ 57-53 机翼后缘襟翼（Wing Trailing Edge Flap）
- ➢ 57-60 副翼（Ailerons）
- ➢ 57-70 扰流板（Spoilers）

注意

SRM 有两种编排格式——旧编排格式和新编排格式。采用旧编排格式编排 SRM 的机型包括 B707-120、B707-320、B707-720、B737-100/-200、B747-100/-200/-300、747SP。自 1970 年后，波音公司采用新的手册编排格式，采用新编排格式手册的飞机型号包括 B737-300～900、B747-400、B747-400F、B757-200、B757Combi/PF、B767-200 B767-300、B767-300F 和 B777-200。新旧不同版本的 SRM，各章的主题内容是一致的，但是，节划分的内容有所不同。例如，旧编排格式的 SRM 中，51-70 是气动光滑性要求，而按新编排格式的 SRM51-70 是典型修理工艺；旧编排格式的 SRM 中，51-30 是紧固件，而按新编排格式的 SRM51-40 是紧固件。因此，要注意新旧编排格式手册中的节号差异。

3.3.5　SRM 细课目内容及目号的编排

SRM 细课目内容及其目号的编码是由各飞机制造厂家确定的。除第 51 章的细课目及目号的编排外，第 52～57 章的细课目内容及目号的编排是相同的。其编排如下：

5X-XX-00　概述（General）
　　　-01　蒙皮和板（Skins and Plate）
　　　-02　结构完整性（Structure Complete）
　　　-03　桁条和蒙皮加强件（Stringers and Skin Stiffeners）
　　　-04　肋间桁条、支撑桁条（Intercostals）
　　　-05　纵梁（Longerons）
　　　-06　翼肋、隔框（Formers）
　　　-07　框架（Frames）
　　　-08　隔框（Bulkheads）
　　　-09　翼肋（Ribs）

-10 翼梁（Spars）

-11 辅助梁（Intermediate, Auxiliary and Subspars）

-12 龙骨梁结构（Keel Structure）

-13 大梁（Beams）

-14 起落架支撑结构（Landing gear Support Structure）

-15 门框结构（Door Surround Structure）

-16 缘条（Edge Members）

-30 辅助结构（Auxiliary）

-50 地板（Floor Panels）

-51 地板结构（Floor Structure）

-52 滑轨梁（Seat Tracks）

-53 货舱特殊结构（Cargo Compartment Special Structure）

-70 整流罩和搭接带，蒙皮和板（Fillets and Fairings, Skins and Plating）

-71 整流罩支撑结构（Fillets and Fairings, structure）

-72 雷达罩和天线整流罩（Radomes and Fairings）

-90 接头（Attachment Fittings）

3.3.6 SRM 的使用

1. 查阅 SRM 的方法与步骤

在飞机结构修理中，通常需要获取损伤结构或者结构件的材料、允许损伤容限值及其修理方案。此类信息可通过查阅 SRM 获得。通常，查阅 SRM 的步骤如下：

（1）根据机型选择相应的 SRM，并且确认飞机的有效性。工作时，首先应根据损伤飞机的机型，选择相应机型的 SRM。例如，修理 B737-800 型飞机，就应选择 B737-800 型飞机的 SRM。

（2）根据损伤所在的部位以及部件名称，确定其查找的章节。例如，机身 43 段下方蒙皮，机身站位 STA400～420 处发现损伤，根据前面的知识，我们知道机身是第 53 章的主题内容，机身 43 段是 30 节的主题内容，蒙皮是 01 目的主题内容，因此，应查找 SRM53-30-01。

（3）根据主题内容与页码块的分类，可在不同的页码范围内查找到所需的资料，即：可从页码 1～99 查得结构（件）的材料、厚度；从页码 101～199 查得结构（件）的允许损伤的容限值；从页码 201～999 查得结构（件）的修理方案。

在实际工作中，应根据具体情况以及需要来灵活使用 SRM。

2. 查阅 SRM 举例

例 1 注册号为 B-2647 的 B737-800 飞机，在机身站位 STA400～420，左侧下方桁条 S-21L 与 S-22L 之间的蒙皮位置，发现一处深 0.018 英寸、长 2.5 英寸的擦伤（Scratches）。就下列问题试作出回答：（1）该处蒙皮的材料和厚度；（2）判断该损伤的损伤程度；（3）如果该损伤超出可允许损伤范围，请确定其修理方案。

解：

（1）查出该处蒙皮的材料和厚度

具体步骤如下：

① 根据损伤飞机的机型，选择相应机型的 SRM。

本题该机型是 B737-800 型飞机，就应选择 B737-800 型飞机的 SRM。在该手册扉页的飞机有效性清单（EFFECTIVE AIRCRAFT）中查找注册号 B-2647 飞机的有效性，在飞机有效性清单的第 5 页第 17 行列有 B-2647，如图 3-11 所示，从而确认了该手册对这架飞机的有效性。

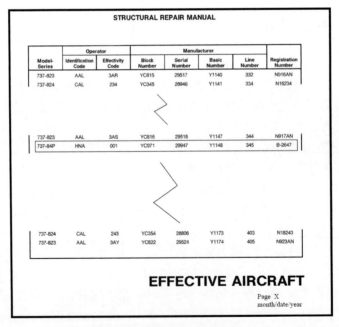

图 3-11 查找飞机的有效性

② 根据损伤所在的部位以及部件名称，确定其查找的章节。

根据本题已知条件，应查阅 53 章机身。通过查阅 SRM 的 53-00-00General，得知机身站位 STA400～420 位于机身 43 段，所以应查阅 SRM53-30。再通过查阅 SRM53-30 的目录或者书签可确定该损伤应查找 SRM53-30-01。

③ 根据主题内容与页码块的分类，确定其查找的页码。

从 SRM53-30-01 的第 1～99 页可以查到机身 43 段下方蒙皮的材料牌号、厚度以及相应的图号。

本例中，查询 SRM53-30-01 的第 1 页，从该页的 Figure 1 中可知机身蒙皮的材料识别要参见 Figure 2，如图 3-12 所示。

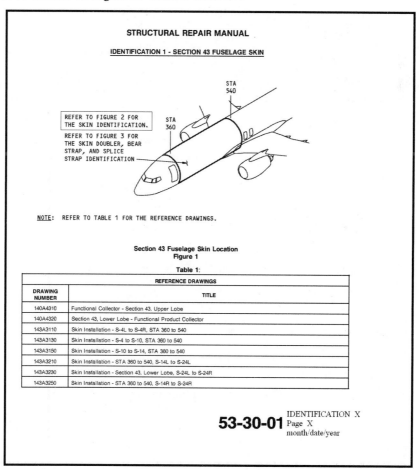

图 3-12　查找机身蒙皮的材料之一

查阅 Figure 2（在第 2 页上），如图 3-13 所示。根据题目已知条件，损伤蒙皮位于 STA400～420，左侧下方桁条 S-21L 与 S-22 之间，可知该处的蒙皮为件号[4]，其图号为 143A3212，具体材料见手册中的表 Table 2，如图 3-14 所示。

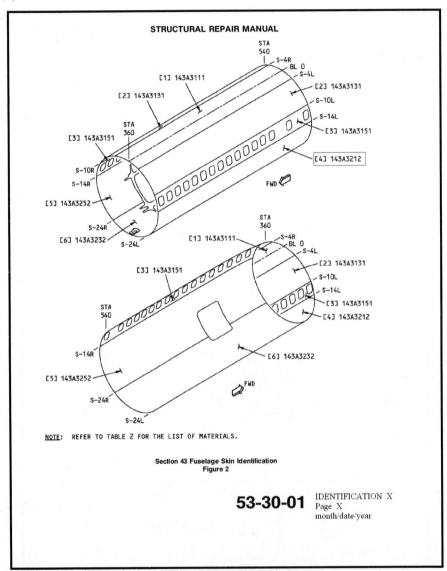

图 3-13 查找机身蒙皮的材料之二

STRUCTURAL REPAIR MANUAL

Table 2:
LIST OF MATERIALS FOR FIGURE 2

ITEM	DESCRIPTION	T[1]	MATERIAL	EFFECTIVITY
[1]	Skin Assembly			
	Skin	0.040 (1.02)	2024-T3 clad sheet as given in QQ-A-250/5	
	Doubler	0.040 (1.02)	2024-T3 clad sheet as given in QQ-A-250/5. Refer to Figure 4 for the thicknesses of the chem-milled areas	
[2]	Skin Assembly			
	Skin	0.040 (1.02)	2024-T3 clad sheet as given in QQ-A-250/5	
	Doubler	0.040 (1.02)	2024-T3 clad sheet as given in QQ-A-250/5. Refer to Figure 5 for the thicknesses of the chem-milled areas	
[3]	Skin	0.080 (2.03)	2024-T3 clad sheet as given in QQ-A-250/5. Refer to Figure 6 for the thicknesses of the chem-milled areas	
[3]	Skin	0.140 (3.56)	2024-T3 clad sheet as given in QQ-A-250/5. Refer to Figure 6 for the thicknesses of the chem-milled areas	
[4]	Skin	0.090 (2.29)	2024-T3 clad sheet as given in QQ-A-250/5. Refer to Figure 7 for the thicknesses of the chem-milled areas	
[5]	Skin	0.090 (2.29)	2024-T3 clad sheet as given in QQ-A-250/5. Refer to Figure 8 for the thicknesses of the chem-milled areas	
[6]	Skin	0.090 (2.03)	2024-T3 clad sheet as given in QQ-A-250/5. Refer to Figure 9 for the thicknesses of the chem-milled areas	

*[1] Note: T = Pre-manufactured thickness in inches (millimeters).

53-30-01 IDENTIFICATION X
Page X
month/date/year

图 3-14 查找机身蒙皮的材料之三

查阅手册中的表 Table 2（在第 3 页上）得到该蒙皮的材料牌号为 2024-T3 CLAD，板厚为 0.040 英寸。

（2）判断该损伤的损伤程度

具体操作步骤如下：

根据主题内容与页码块的分类，从 SRM53-30-01 的第 101～199 页中可以查到机身 43 段下方蒙皮的允许损伤容限值。

本例查询 SRM53-30-01 的结果仅有第 101 页，该页标明机身 43 段蒙皮的允许损伤资料应参见 SRM53-00-01，如图 3-15 所示。

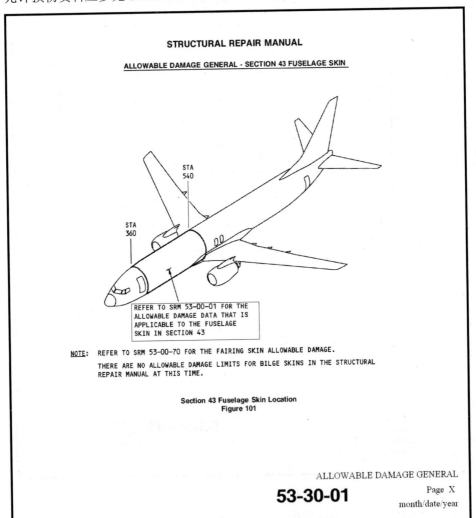

图 3-15　查阅手册确定损伤程度之一

据此，通过转查 SRM53-00-01 的第 101～199 页来查找机身 43 段下方蒙皮的允许损伤。在 SRM53-00-01 的第 103 页上，得知本例损伤处属于 2 区（ZONE 2），如图 3-16 所示。

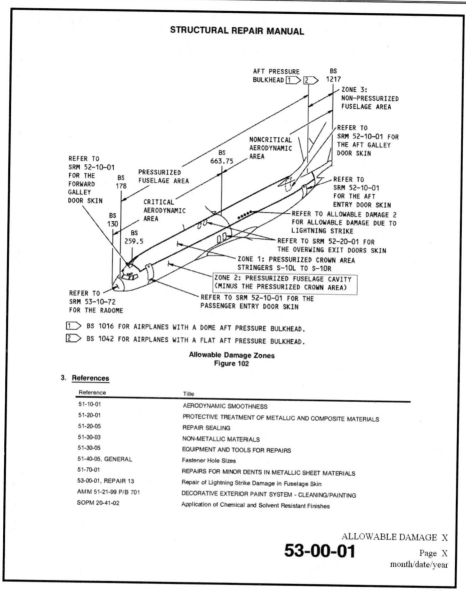

图 3-16 查阅手册确定损伤程度之二

在 SRM53-00-01 的第 106 页上,得知 2 区允许损伤容限值参见手册中 Figure 103 详图 A～E、S、T 和 U,如图 3-17 所示。

> **STRUCTURAL REPAIR MANUAL**
>
> B. Zone 2 - (Pressurized Fuselage not in the Crown Area)
>
> (1) Cracks:
>
> (a) Remove the damage as shown in Allowable Damage Limits, Figure 103/ALLOWABLE DAMAGE 1, Details A and B.
>
> (b) Remove the damage as shown in Figure 103, Details P, Q, and R for the fuselage skin areas adjacent to the forward and aft cargo doors. Make sure to remove the damage with a surface finish of 63 Ra or better. For Figure 103, Detail Q, do a High Frequency Eddy Current (HFEC) inspection of the reworked area of the skin and the fastener holes that were removed to make sure there is no further damage. Refer to NDT Part 6, 51-00-00, Figure 16.
>
>   1) Replace any fasteners in the damaged area with initial type drawing fasteners in a shifted transition fit hole. Use an interference between 0.0005 and 0.0045 inch. Refer to 51-40-05, GENERAL.
>
>   **NOTE**: Install a SRM approved hex drive bolt and nut to damaged areas along the aft edge of the door cutout as given in Figure 103, Detail P that is common to a frame outer chord fastener. Torque as given in BAC5004-2 if the surface sealant has been appled again between the frame chord and the adjacent skin surfaces.
>
> (2) Nick, Gouges, Scratches, and Corrosion:
>
> (a) Remove the damage as given in Figure 103, Details P, Q, and R for fuselage skin areas adjacent to the forward and aft cargo doors. Make sure to remove the damage with a surface finish of 63 Ra or better. For Figure 103, Detail Q, do a High Frequency Eddy Current (HFEC) inspection of the reworked area of the skin and the fastener holes that were removed to make sure there is no further damage. Refer to NDT Part 6, 51-00-00, Figure 16.
>
>   1) Replace any fasteners in the damaged area with initial type drawing fasteners in a shifted transition fit hole. Use an interference between 0.0005 and 0.0045 inch. Refer to 51-40-05, GENERAL.
>
>   **NOTE**: Install a SRM approved hex drive bolt and nut to damaged areas along the aft edge of the door cutout as given in Figure 103, Detail P that is common to a frame outer chord fastener. Torque as given in BAC5004-2 if the surface sealant has been appled again between the frame chord and the adjacent skin surfaces.
>
> (b) Remove the damage as shown in Allowable Damage Limits, Figure 103/ALLOWABLE DAMAGE 1, Details A , B , C , D , E, S, T, and U.
>
>   1) You can remove the damage from the areas that follow:
>
>   a) The inner and outer surfaces of the solid skin, a bonded skin assembly, or a skin lap splice.
>
>   b) The sealed surfaces of a skin lap splice.
>
>   2) The total depth of the damage removed at each location must be less than or equal to the percentage of the skin thickness at the damage location.
>
>   **NOTE**: When you calculate the depth of damage removal, use the thickness given in the applicable identification subject or engineering drawing.
>
>   a) When you remove damage on a solid skin, use the skin thickness at the damage location to calculate the percentage of damage removal.
>
> **53-00-01**　　ALLOWABLE DAMAGE X
> Page X
> month/date/year

图 3-17　查阅手册确定损伤程度之三

在 SRM53-00-01 的第 113 页上，查到 Figure 103，如图 3-18 所示。根据损伤的具体情况和部位，详图ⓒ符合其实际情况，因此从详图ⓒ得知 2 区的擦伤允许损伤容限值 $X=0.1T \sim 0.15T$。本例中，板厚 $T=0.040$ 英寸，$X=0.004 \sim 0.006$ 英寸；实测损伤深度为 0.018 英寸，超过其允许损伤的最大值，所以，该损伤需要加强修理。

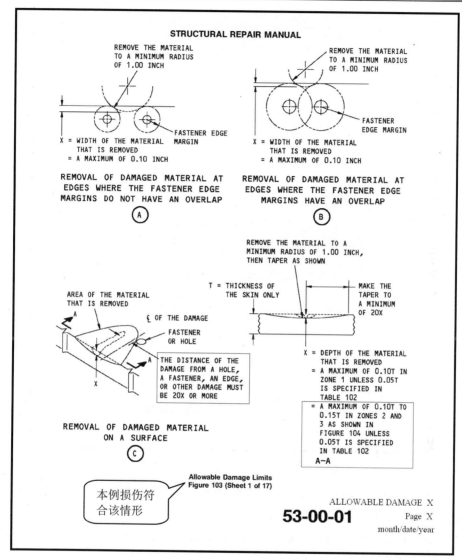

图 3-18 查阅手册确定损伤程度之四

（3）该损伤超出允许损伤范围，确定其修理方案

从 SRM53-30-01 的第 201～999 页，可以查到机身 43 段下方蒙皮的修理方案。手册 SRM53-30-01 中与本例题相关的仅有第 201 页，该页说明机身 43 段蒙皮的允许损伤资料应参见 SRM53-00-01，如图 3-19 所示。因此，需转查 SRM53-00-01 的第 101～199 页，以查到并确定机身 43 段损伤蒙皮的修理方案。

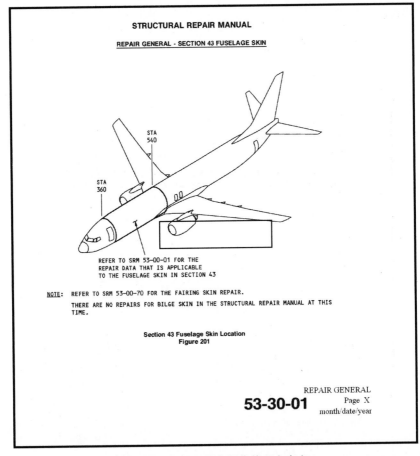

图 3-19　查阅手册确定损伤修理方案之一

查询 SRM53-00-01 的目录有 25 个修理方案，其中有 4 个修理方案可供考虑。这 4 个修理方案如下：

- REPAIR 3 - External Repair of Fuselage Skin Between Stringers With Solid Rivets
- REPAIR 4 - External Repair of Fuselage Skin Between Stringers With Blind Rivets
- REPAIR 8 - Flush Repair of Constant Thickness Skin Between Stringers
- REPAIR 9 - Flush Repair of Fuselage Skin Between Stringers

主要根据飞机停场时间长短及航材储备情况来确定修理方案，最终选择修理方案 3，如图 3-20 所示。修理方案 3 是用普通实芯铆钉连接的外部贴补修理方案，该修理方案是 B 类永久性修理方案。补片厚度为 53-00-01 REPAIR 3。通过第 203 页中的表 202 查得为 0.100 英寸。材料与原构件材料相同，即 2024-T3 CLAD。

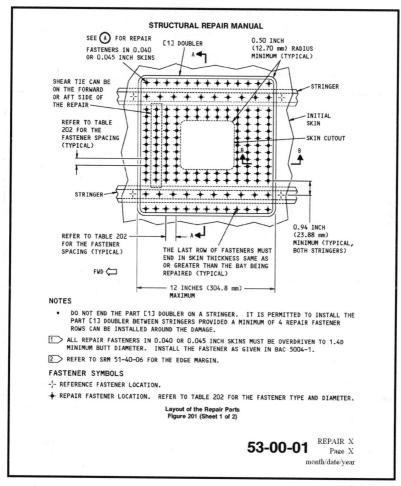

图 3-20　查阅手册确定损伤修理方案之二

例 2　空客 320 注册号为 B-2368 的飞机在航线短停，检查发现左水平安定面外侧前缘在 15 号肋与 16 号肋之间上蒙皮表面复合材料分层，分层面积约为 2500 mm^2；检查未发现分层区域有穿孔或裂纹。

试查阅 A320SRM 手册并判断：

（1）该飞机能否执行下个航班任务？

（2）如可以，应采取哪些维护措施？

（3）如果该飞机因损伤不可以立即执行下个航班，应如何修理损伤？

解：

（1）首先选择 SRM 并判断损伤位置和材料

该飞机属于 A320 系列，所以应查阅 A320 的 SRM 手册。根据本书前面的知识，需查找该手册的 55-12-11 节。通过 SRM55-12-11 中的视图识别左水平安定面外侧前缘的位置、结构组成和材料信息，如图 3-21 所示。

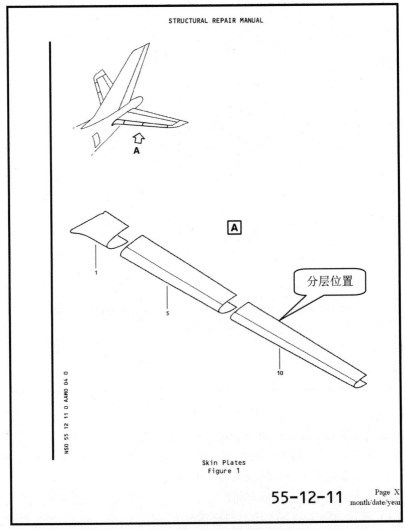

图 3-21　查找左水平安定面外侧前缘的结构组成和材料信息之一

通过图 3-21 中的信息得知损伤处在件 10 上，所以，再查找件 10 可以获得损伤区域所在位置的截面结构组成情况，如图 3-22 所示。

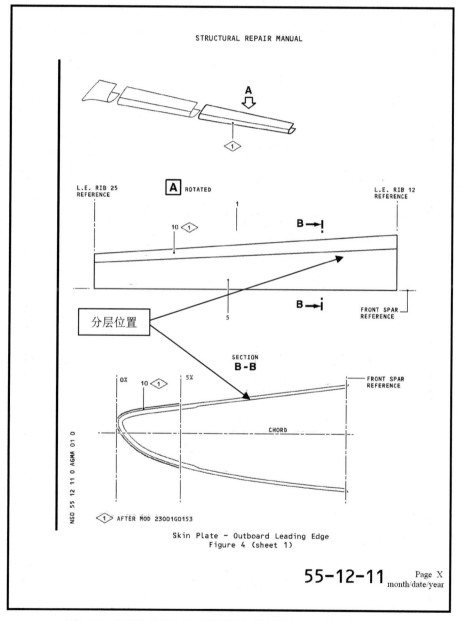

图 3-22　查找左水平安定面外侧前缘的结构组成和材料信息之二

获得损伤在前缘蒙皮上的位置，如图 3-23 所示。

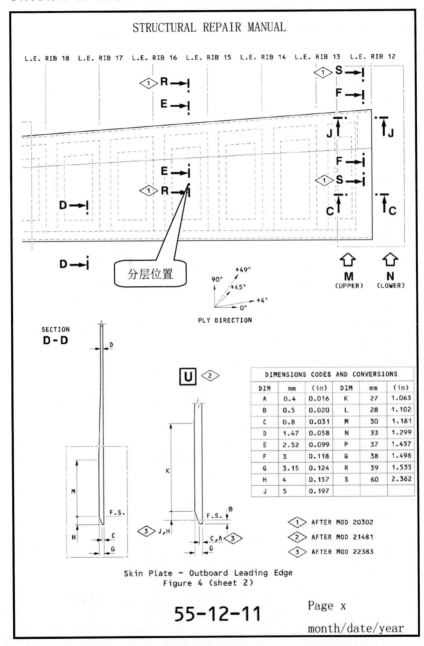

图 3-23　查找左水平安定面外侧前缘的结构组成和材料信息之三

通过图 3-24 可以了解详细的材料牌号和纤维方向等信息，这对修理材料的选择将起决定作用。至此，所有对损伤件的识别都已获得准确和充分的资料。

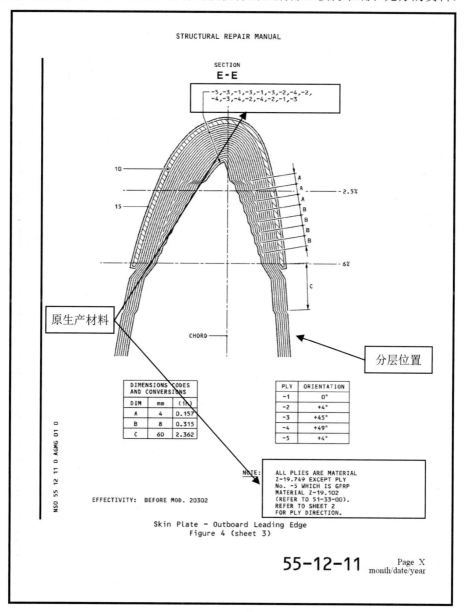

图 3-24　查找左水平安定面外侧前缘的结构组成和材料信息之四

（2）查找该结构的允许损伤范围

A320SRM 手册中没有 SRM55-12-11 Page Block101 部分，所有平尾前缘（包括内外侧）的允许损伤都在 SRM55-12-00、Page X、Figure101 里给出，如图 3-25 所示。

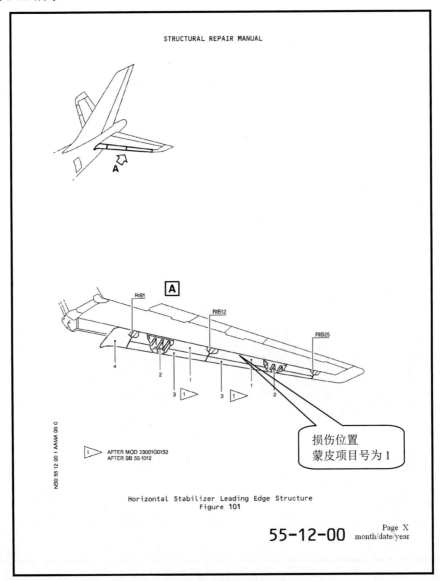

图 3-25　查找该结构的允许损伤范围之一

通过查找表 Table 103 可知，要想获得本例中的上蒙皮分层损伤（假设经检查没有裂纹或穿孔），可以查看图表 Diagram 102，如图 3-26 所示。

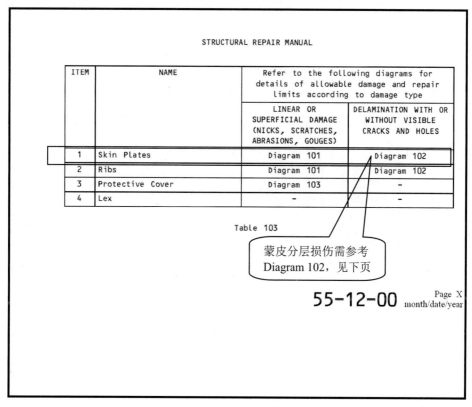

图 3-26　查找该结构的允许损伤范围之二

在图表 Diagram 102 中，可以查看到蒙皮分层损伤的允许范围，如图 3-27 所示。

范围在 1000mm^2 以内，允许再填胶处理或贴上铝膜后飞行到下个 A 检或保留 600 个飞行小时，以先到为准。（问题（1）、（2）答案）

在 1000～3000mm^2 范围内，执行 SRM55-12-11 的永久修理。范围在 3000mm^2 以上，需报告空客获得修理方法。（问题（3）答案）

本页的分区对于后面的修理方案选择起决定作用。

蒙皮分层损伤处的各铺层的铺层角如图 3-28 所示。

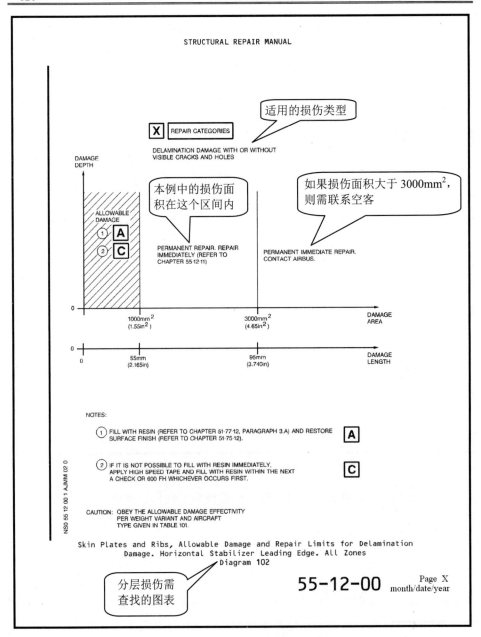

图 3-27　蒙皮分层损伤的允许范围

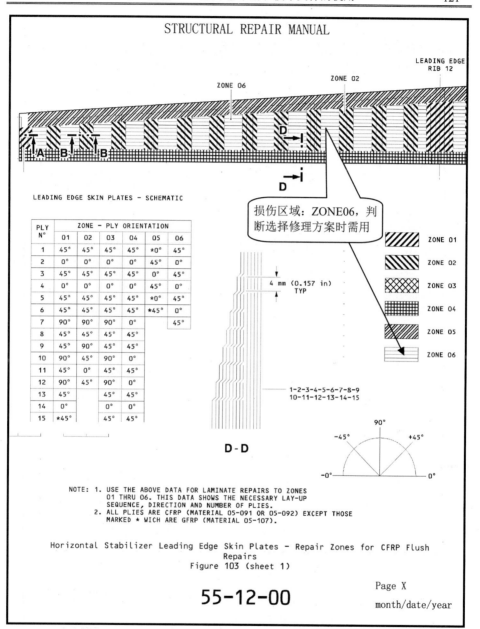

图 3-28 蒙皮分层可修理区域划分

（3）修理方法的选择

根据允许损伤部分的提示，结合现场检查的损伤类型和损伤尺寸，可以查找 SRM55-12-11 和 Page X Table 202 部分。这部分内容一共提供了 8 种修理方法，但只有第一个修理方案是适用本例的，如图 3-29 所示。

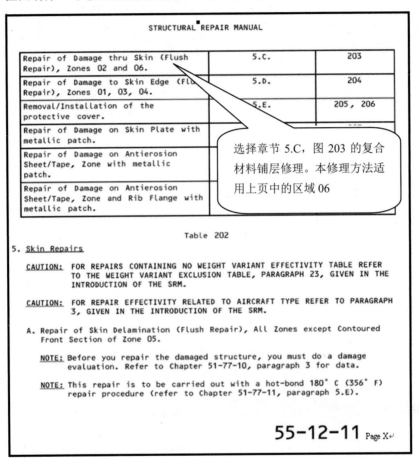

图 3-29　蒙皮分层损伤的修理方法的选择

具体的修理方法如图 3-30 所示，它包括修理材料、修理工艺和注意事项，再结合手册中的文字说明部分就可以完成这个损伤的修理了。

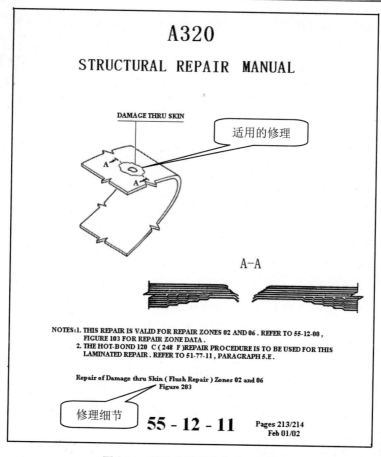

图 3-30 蒙皮分层损伤的修理方法

3.3.7 利用 SRM 识别零部件

用户可以利用 SRM 来订购从图纸上或者其他方面不易识别的结构部件。可以通过下列程序从波音公司客户服务部（SERVICE ENGINEERING）来获得结构部件：

- 复制具有识别损伤件号的手册纸页。
- 在复制的纸页上对损伤件号或者区域涂以颜色（如涂黑）。
- 提供图片或者照片。
- 指明飞机型号和系列号码。

- 附上一份订购单与上述材料一起以传真的形式发往美国波音商用飞机公司。

当波音商用飞机公司收到这些资料和订购单后，就会对用户所需的零部件进行识别并且以零件包的形式发回。用户如果不需要这些零件，也可以将其退回波音公司。

3.4 飞机维修手册

3.4.1 概述

1. 飞机维修手册的性质与内容

飞机维修手册（Aircraft Maintenance Manual，AMM 或者 MM）是由飞机制造厂家按照 ATA 100 规范要求制定的，属于适航当局可接受的技术文件（Acceptable Data，区别于 Approved Data）。AMM 是制定飞机维护和修理方案的依据，也是飞机维修单位对飞机进行维护和修理最重要的手册。中国民用航空规章规定飞机的维护和修理内容和修理工艺、程序等必须符合法定技术文件的要求。

另外，飞机维修手册是客户化手册，封面上明确地标示出该手册是属于某个客户的，即该手册只能在该客户的范围内针对某型飞机使用，而对其他客户相同型号的飞机是无效的。

飞机维修手册主要包括以下内容：
- 对飞机各系统以及部件的描述，如对液压、燃油、操纵系统和电器等系统以及起落架等部件的构成、功能、位置等的说明。
- 系统或者部件故障诊断，包含系统或者部件常见的故障、引起故障的原因、故障诊断程序以及推荐的修理。
- 各种勤务工作，包括添加燃油、滑油和机轮轮胎充气等程序。
- 维修实践，包括常规修理工作程序、简要的拆装、调节和检测等程序。
- 拆卸与安装，包括拆装的准备工作、所需的设备、材料以及零部件详细的拆装程序等。
- 调节与测试，包括调节程序和测试程序，测试程序包含部件功能检测和系统检测。

- 检测与检查,为航线维护提供各种磨损极限、零部件的裂纹、凹坑和间隙以及液面指示、压力和电阻等数据与标准。
- 清洗与喷涂,包括恢复、修理零部件各种表面的程序和使用化学溶剂的注意事项等。
- 已批准的修理,包括塑料表面、密封件、螺栓孔等细小的损伤修理。需注意的是,这里不包括结构(件)的修理,若要对结构进行修理必须按飞机结构修理手册的规定进行。

2. 飞机维修手册的作用

综上所述,AMM 为飞机维护和维修提供了系统和零部件的说明,并提供了各种勤务、维护、检查、排除故障、系统功能试验、调节、清洁、修理和更换零部件等工作的详细技术标准和工艺程序等资料。这些技术资料为飞机航线维护和机库内维护(修)飞机提供了技术指导和技术支持。

3. 飞机维修手册的有效性

AMM 的有效性是指该手册对某一特定机型的哪些飞机有效,其意义与 SRM 的相同。以 B737-800 型飞机的 AMM 为例,手册的扉页部分的飞机有效性(EFFECTIVE AIRCRAFT)中标明了该手册适用于哪些 B737-800 的飞机,如图 3-31 所示。

另外,还有正文内容页的修订有效性。正文的每一章最前面都有飞机有效性清单页(EFFECTIVE PAGES),正文内容页的修订有效性是指手册中每页对应的有效性,通过核对内页右下角的修订日期和有效页清单中给出的修订日期,可以判断查阅手册具体章节页是否现行有效,如图 3-32 所示。

手册正文页的飞机构型有效性在手册正文页的左下角用文字表示。如果某页内容对某型的所有飞机都有效,则在左下角标有全部(ALL)字样,其示例如图 3-33 所示。

4. 飞机维修手册(AMM)的修订服务

飞机维修手册通过修订服务保持其内容现行有效。有效页清单将提供每次修改记录。与飞机结构修理手册相同,飞机维修手册的修订服务有正常修改和临时修改两种。

(1)正常修订服务

B737 飞机维修手册每年有 3 次正常修订服务,日期是 2 月 10 日、6 月 10 日和 10 月 10 日。对修改过的节或页面将在有效页清单上用 R(已修改)、A(已增加)或 D(已删除)来标识。

737-600/700/800/900
AIRCRAFT MAINTENANCE MANUAL

This manual is applicable to the aircraft in this list:

Model-Series	Operator		Manufacturer			Registration Number
	Identification Code	Effectivity Code	Block Number	Serial Number	Line Number	
737-81B	GUN	001	YJ671	32921	1187	B-2693
737-81B	GUN	002	YJ672	32922	1199	B-2694
737-81B	GUN	003	YJ673	32923	1213	B-2695
737-81B	GUN	004	YJ674	32924	1230	B-2696
737-81B	GUN	005	YJ675	32925	1250	B-2697
737-81B	GUN	006	YJ676	32926	1268	B-5020
737-81B	GUN	007	YJ677	32927	1290	B-5021
737-81B	GUN	008	YJ678	32928	1323	B-5022
737-81B	GUN	009	YJ679	32929	1348	B-5040
737-81B	GUN	010	YJ680	32930	1355	B-5041
737-81B	GUN	011	YJ681	32931	1362	B-5042
737-81B	GUN	012	YJ682	32932	1395	B-5067
737-81B	GUN	013	YJ683	34250	1784	B-5113
737-81B	GUN	014	YJ684	34248	1806	B-5112
737-81B	GUN	015	YJ685	34252	1851	B-5133
737-81B	GUN	016	YJ690	30697	1915	B-5147
737-81B	GUN	017	YJ691	30699	1933	B-5149
737-81B	GUN	018	YJ692	30709	1961	B-5165
737-81B	GUN	019	YJ693	33006	1983	B-5166
737-81B	GUN	020	YJ694	30708	2087	B-5163
737-81B	GUN	021	YJ686	35365	2191	B-5189
737-81B	GUN	022	YJ687	35366	2223	B-5190
737-81B	GUN	023	YJ688	35367	2237	B-5191
737-81B	GUN	024	YJ689	35369	2272	B-5192
737-81B	GUN	025	YL431	35370	2299	B-5193
737-81B	GUN	026	YL432	35371	2302	B-5195
737-81B	GUN	027	YL433	35375	2314	B-5300
737-81B	GUN	028	YL434	35376	2329	B-5310
737-81B	GUN	029	YL435	35380	2372	B-5339
737-81B	GUN	030	YL436	35381	2402	B-5340
737-81B	GUN	031	YL437	35385	2486	B-5356
737-81B	GUN	032	YL438	35373	2881	B-5421

EFFECTIVE AIRCRAFT

Page X
month/date/year

图 3-31 飞机维修手册的有效性

737-600/700/800/900 AIRCRAFT MAINTENANCE MANUAL
CHAPTER 28
FUEL

Subject/Page	Date	COC	Subject/Page	Date	COC	Subject/Page	Date	COC
EFFECTIVE PAGES			28-00-00 (cont)			28-00-00 (cont)		
1 thru 12	Jun 15/2009		208	Feb 15/2009		914	Feb 15/2008	
			209	Oct 15/2008		915	Feb 15/2008	
28-CONTENTS			210	Feb 15/2009		916	Feb 15/2008	
1	Feb 15/2009		211	Oct 15/2008		917	Feb 15/2008	
2	Feb 15/2008		212	Oct 15/2008		918	Feb 15/2008	
3	Feb 15/2008		213	Oct 15/2008		919	Feb 15/2008	
4	Feb 15/2009		214	Oct 15/2008		920	Feb 15/2008	
5	Feb 15/2008		215	Feb 15/2009		921	Feb 15/2008	
6	Feb 15/2008		216	Oct 15/2008		922	Feb 15/2008	
7	Feb 15/2008		R 217	Jun 15/2009		923	Feb 15/2008	
8	Feb 15/2008		218	Feb 15/2009		924	Feb 15/2008	
9	Feb 15/2008		219	Feb 15/2009		925	Feb 15/2008	
10	Feb 15/2009		220	Oct 10/2007		926	Feb 15/2008	
O 11	Jun 15/2009		221	Oct 10/2007		927	Feb 15/2008	
12	Feb 15/2009		222	Oct 10/2007		928	Feb 15/2008	
13	Feb 15/2009		223	Oct 15/2008		929	Feb 15/2008	
14	Feb 15/2009		224	Oct 10/2007		930	Feb 15/2008	
15	Feb 15/2009		225	Oct 10/2007		28-10-00		
16	Feb 15/2009		226	Oct 10/2007		201	Oct 10/2007	
17	Feb 15/2009		227	Oct 10/2007		202	Oct 10/2007	
O 18	Jun 15/2009		228	Oct 10/2007		203	Oct 10/2007	
19	Oct 15/2008		229	Oct 15/2008		204	Oct 10/2007	
20	Oct 15/2008		R 230	Jun 15/2009		205	Oct 10/2007	
21	Oct 15/2008		R 231	Jun 15/2009		206	Feb 10/2006	
22	Oct 15/2008		232	Feb 15/2009		207	Jun 10/2005	
23	Oct 15/2008		28-00-00			208	Feb 10/2006	
24	Oct 15/2008		901	Jun 10/2005		209	Jun 10/2005	
25	Feb 15/2009		902	Feb 15/2009		210	Feb 10/2006	
26	Oct 15/2008		903	Feb 15/2009		211	Oct 15/2008	
27	Oct 15/2008		904	Feb 15/2008		R 212	Jun 15/2009	
28	BLANK		905	Feb 15/2008		213	Oct 15/2008	
28-00-00			906	Feb 15/2008		214	Oct 15/2008	
201	Feb 15/2009		907	Feb 15/2008		215	Oct 15/2008	
202	Feb 15/2009		908	Feb 15/2008		216	Oct 15/2008	
203	Feb 15/2009		909	Feb 15/2008		217	Oct 15/2008	
204	Feb 15/2009		910	Feb 15/2008		218	Oct 15/2008	
205	Feb 15/2009		911	Feb 15/2008		219	Oct 15/2008	
206	Oct 10/2005		912	Feb 15/2008		220	Oct 15/2008	
207	Oct 10/2005		913	Feb 15/2008		221	Oct 15/2008	

A = Added, R = Revised, D = Deleted, O = Overflow, C = Customer Originated Change

28-EFFECTIVE PAGES

Page X
month/date/year

图 3-32 正文内容页的修订有效性

737-600/700/800/900
AIRCRAFT MAINTENANCE MANUAL
FUEL VENT FLOAT VALVE - REMOVAL/INSTALLATION

1. **General**

   A. This procedure has two tasks:
      (1) A task to remove the float valve for the fuel vent system
      (2) A task to install the float valve for the fuel vent system.

   TASK 28-13-11-000-801

2. **Fuel Vent Float Valve Removal**

   (Figure 401)

   A. References

Reference	Title
28-11-00-910-802	Purging and Fuel Tank Entry (P/B 201)
28-11-11-000-801	Main Tank Access Door Removal (P/B 401)

   B. Location Zones

Zone	Area
532	Left Wing - Main Tank, Rib 5 to Rib 22, Wing Station 204.25 to Wing BL 643.50
632	Right Wing - Main Tank, Rib 5 to Rib 22, Wing Station 204.25 to Wing Station 643.50

   C. Access Panels

Number	Name/Location
532RB	Main Tank Access Door - Wing Station 629
632RB	Main Tank Access Door - Wing Station 629

   D. Procedure

   SUBTASK 28-13-11-650-001

   WARNING: DO ALL THE SAFETY PROCEDURES TO DEFUEL THE TANK AND TO GO INTO IT. INJURY TO PERSONS AND DAMAGE TO EQUIPMENT CAN OCCUR IF YOU DO NOT FOLLOW THE SAFETY PROCEDURES.

   (1) Prepare the applicable fuel tank for entry (TASK 28-11-00-910-802).

   SUBTASK 28-13-11-010-001

   (2) Open these access panels:

Number	Name/Location
532RB	Main Tank Access Door - Wing Station 629
632RB	Main Tank Access Door - Wing Station 629

   (TASK 28-11-11-000-801).

   SUBTASK 28-13-11-020-001

   (3) Remove the bolts [2] that attach the float valve [1] to the structure.

   SUBTASK 28-13-11-020-002

   (4) Remove the float valve [1].

   ──────── END OF TASK ────────

   EFFECTIVITY
   GUN ALL

   28-13-11

   Page X
   month/date/year

图 3-33 手册正文页的飞机构型有效性

另外，对于飞机有效性清单页上修改过的内容，会在其左边空白处用修改竖杠表示。

手册中除封面和每章的封面外，每一页的右下角都标有该页编出的日期，同时在页脚中间标识用户文件编号，有效性清单（LEP）中记录这些信息用来作为手册内容的权限。

（2）临时修订服务

手册临时修订服务将根据需要发行。临时修订服务也为应用户要求结合服务通告而发行。每次临时修改将编入下次手册的修改中。

每次临时修改会提供一组更新的页，这些页面在并入下次定期修改前或用其他的临时修改替代前仍然有效。

3.4.2 飞机维修手册的编排结构

1. AMM 的整体编排

AMM 整体编排的结构也是按 ATA 100 规范的规则编排的，其编排结构与 SRM 的编排结构相同，都是由扉页和正文两大部分组成。

AMM 的扉页包含标题页、飞机有效性清单手册发送说明、有效章清单、扉页有效页清单、修订记录、临时修订记录、章目录、简介和服务通告清单等内容。

2. AMM 正文内容的编排

AMM 正文内容通常由第 5~80 章组成。AMM 的正文内容的编排也是按 ATA 100 规范的规则编排的，其章节目编号用 3 个单元 6 位数字表示，例如，

左起第一单元数字表示章，32 规定表示飞机的起落架；第二单元表示节，21 规定表示前起落架；第三单元表示目，11 规定表示为减震支柱。上述表示节号的第二单元的数字，其第二位数字可由飞机制造厂家给定并且确定其内容；表示目号的第三单元的两位数字由飞机制造厂家给定并确定其内容。这样就使得不同的飞机制造厂家编制的维修手册在大的方面是相同的，但在某些细节方

面存在差异，例如，波音飞机的各种维修手册与空客飞机的各种维修手册存在一定的差异。即使同一厂家的飞机，在各种型号之间，甚至同一型号不同改进型之间的手册也有差异，例如，B737-300 与 B737-800 的 AMM 就有些许差异。

3．AMM 正文的章号及主题内容

由于 AMM 的章节较多，为了便于使用查找，AMM 按章划分为 4 个分组。

- 第一分组　飞机维修通用部分 ATA 第 5 章～第 12 章
    - 第 5 章　时间限制/维修检查（Time Limits/Maintenance Checks）
    - 第 6 章　尺寸和区域（Dimensions and Areas）
    - 第 7 章　顶升和支撑（Lifting and Shoring）
    - 第 8 章　飞机调平以及称重（Leveling and Weighing）
    - 第 9 章　飞机牵引和滑行（Towing and Taxiing）
    - 第 10 章　飞机停场、系留、封存（Parking, Mooring, Storage）
    - 第 11 章　铭牌和标记（Placards and Markings）
    - 第 12 章　勤务（Servicing）
- 第二分组　飞机系统 ATA 第 20 章～第 49 章
    - 第 20 章　飞机标准维护程序（Standard Practices-Airframe）
    - 第 21 章　空调系统（Air Conditioning）
    - 第 22 章　自动驾驶系统（Auto Flight）
    - 第 23 章　通信系统（Communications）
    - 第 24 章　电源系统（Electrical Power）
    - 第 25 章　设备/设施（Equipment/Furnishings）
    - 第 26 章　防火系统（Fire Protection）
    - 第 27 章　飞行操纵系统（Flight Controls）
    - 第 28 章　燃油系统（Fuel）
    - 第 29 章　液压系统（Hydraulic Power）
    - 第 30 章　防冰和排雨系统（Ice and Rain Protection）
    - 第 31 章　仪表系统（Instruments）
    - 第 32 章　起落架系统（Landing Gear）
    - 第 33 章　灯光系统（Lights）
    - 第 34 章　导航系统（Navigation）
    - 第 35 章　氧气系统（Oxygen）

- ➢ 第 36 章 气源系统（Pneumatic）
- ➢ 第 38 章 供水/排污系统（Water/Waste）
- ➢ 第 49 章 机载辅助动力装置（Airborne Auxiliary Power）
● 第三分组 飞机结构分组 ATA 第 51 章～第 57 章
  - ➢ 第 51 章 结构（Structures）
  - ➢ 第 52 章 舱门（Doors）
  - ➢ 第 53 章 机身（Fuselage）
  - ➢ 第 54 章 发动机吊舱/吊架（Nacelles/Pylons）
  - ➢ 第 55 章 安定面（Stabilizers）
  - ➢ 第 56 章 窗户（Windows）
  - ➢ 第 57 章 机翼（Wings）
● 第四分组 动力装置 ATA 第 70 章～第 80 章
  - ➢ 第 70 章 标准施工-发动机（Standard Practices-Engines）
  - ➢ 第 71 章 动力装置（Power Plant）
  - ➢ 第 72 章 发动机（Engine ）
  - ➢ 第 73 章 发动机燃油和控制系统（Engine Fuel and Control）
  - ➢ 第 74 章 点火装置（Ignition）
  - ➢ 第 75 章 发动机进气系统（Air）
  - ➢ 第 76 章 发动机控制系统（Engine Controls）
  - ➢ 第 77 章 发动机指示系统（Engine Indicating）
  - ➢ 第 78 章 发动机排气系统（Exhaust）
  - ➢ 第 79 章 发动机滑油系统（Oil）
  - ➢ 第 80 章 发动机起动系统（Starting）

与 SRM 一样，AMM 的每一章内容都是由有效页清单、章目录和正文 3 部分组成的。目录页为快速查找资料提供索引。在目录页以数字顺序排列出了所有的子系统和子子系统，对所列出的部件/组件则按其关键词以字母顺序排列。

4. 正文中页码和图号的编排

AMM 正文各章节中页码和图号的编排方法与 SRM 的相同，只是页码块号表示的内容不同。AMM 各章主题内容的页码和图号范围的使用规定如表 3-5 所示。

表 3-5 AMM 各章主题内容的页码和图号范围的使用规定

第 5~第 80 章中所表达的主题内容	使用的页码范围	使用的图号范围
DESCRIPTION AND OPERATION (D&O) 描述和操作	Page 1~99 以 1 开始，按顺序排列	Figure 1~99 以图 1 开始，按顺序排列
TROUBLE SHOOTING (TS) 故障诊断	Page 101~199 以 101 开始，按顺序排列	Figure 101~199 以图 101 开始，按顺序排列
MAINTENANCE PRACTICES (MP) 维修实践	Page 201~299 以 201 开始，按顺序排列	Figure 201~299 以图 201 开始，按顺序排列
SERVICING (SRV) 维护勤务	Page 301~399 以 301 开始，按顺序排列	Figure 301~399 以图 301 开始，按顺序排列
REMOVAL/INSTALLATION (R/I) 安装/拆卸	Page 401~499 以 401 开始，按顺序排列	Figure 401~499 以图 401 开始，按顺序排列
ADJUSTMENT/TEST (A/T) 调整/测试	Page 501~599 以 501 开始，按顺序排列	Figure 501~599 以图 501 开始，按顺序排列
INSPECTION/CHECK (I/C) 检查/检验	Page 601~699 以 601 开始，按顺序排列	Figure 601~699 以图 601 开始，按顺序排列
CLEANING/PAINTING (C/P) 清洁/喷漆	Page 701~799 以 701 开始，按顺序排列	Figure 701~799 以图 701 开始，按顺序排列
APPROVED REPAIRS (AR) 批准的维修	Page 801~899 以 801 开始，按顺序排列	Figure 801~899 以图 801 开始，按顺序排列

注：如果说明某个主题内容的使用页码范围不够用，则可在页码数字之前附加英文字母表达。例如，某主题内容的页码范围是第 1~99 页，如果不够用，则在 Page 99 后用 Page A00、Page A1、Page A2、…、Page A99 表达。又如，某主题内容的页码范围是第 101~199 页，如果不够用，则在 Page 199 后用 Page A100、Page A101、Page A102、…、Page A199 表达。

5. AMTOSS 编码

AMTOSS 是飞机维修任务定位支持系统（Aircraft Maintenance Task Oriented Support System）的简称，它采用一组字母和数字的组合编码来表达维修工作项目。工作项目是一个含有详细维护或维修操作要求的程序。一个工作项目用以 TASK 开头的一组数码表示，例如，起落架放下锁销安装工作项目用 TASK 32-00-01-480-801 p201 表示，其含义解释如下：

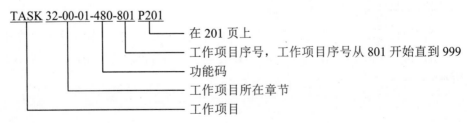

注意

功能码用 3 位数字表示,第 1、2 位数字用于表达各种具体的功能,第 3 位数字是 0。对于要完成的工作,所有的工作项目和它的子项目具有唯一的功能码。功能码的含义如表 3-6 所示。

表 3-6 功能码前两位数码的含义

代码	表示的含义	代码	表示的含义
00	**拆卸**	32	机加工,扩孔,倒圆
01	拆除,打开接近	33	复合材料
02	拆除组件,部件/脱开	34	玻璃纤维,塑料,蜂窝结构,环氧树脂修理
03	未指定	35	混合修理
04	使不工作	36	渗漏修理
05	未指定	37	喷漆
06	未指定	38	电镀
07	拆/清除软件/数据	39	封严
08	拆下测试/辅助设备	**40**	**安装**
09	未指定	41	安装恢复拆下的零件,关闭接近口盖
10	**清洁**	42	安装组件,部件,零件/重新连接拧紧,保险
11	化学清洗	43	未指定
12	研磨清洗	44	使恢复工作
13	超声波清洗	45	未指定
14	机械清洗	46	未指定
15	去膜剥离清洗	47	安装/装载软件/数据
16	混合清洗	48	安装测试/辅助设备
17	冲洗	49	未指定
18	未指定	**50**	**飞机和设备的装卸运输**
19	未指定	51	船运
20	**检查,检验**	52	接收货物
21	一般目视检查	53	包装,装箱
22	详细尺寸检查	54	卸货
23	渗透检查	55	储存/恢复使用
24	磁性检测	56	排列/放置

续表

代码	表示的含义	代码	表示的含义
25	涡流检测	57	发动机的渡运，吊舱维护
26	X-射线，全息摄像检测	58	飞机的运输
27	超声波检测	59	未指定
28	详细、特殊检查	**60**	**勤务，存放，润滑**
29	孔探	61	勤务
30	**修正，修理**	62	存放，封存
31	焊接，铜焊	63	启封
64	润滑	82	调节，校准，测定，校装
65	加油，放油	83	未指定
66	除冰，防冰	84	准备将……复原至正常
67	杀菌，清洁	85	结合用户改装
68	排放	86	飞机系统构型
69	未指定	87	放气
70	**测试，检验**	88	加热，冷却
71	操作测试	89	航空公司维护
72	功能测试	**90**	**更换＝拆卸＋安装**
73	系统测试	91	标准施工
74	自检	92	未指定
75	特殊检查	93	标记
76	电路测试	94	工作的制定/接近
77	未指定	95	防护
78	压力测试	96	更换
79	渗漏测试	97	数据记录/计算
80	**杂项**	98	手册管理或配置
81	故障隔离	99	图解、表格等

　　子工作项目是工作项目的主要操作步骤，用于对重要步骤做完整的概述。子工作项目编码与工作项目编码组成相同。在 AMM 印刷版本中，表示子项目的章节目的 3 个数字单元没有印出，因为它们与工作项目码的前 3 位数字相同。一个子项目用以 SUBTASK 开头的一组数码表示，如 SUBTASK 480-801，其含义解释如下：

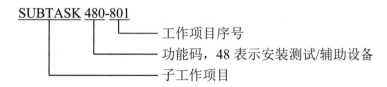

6. 维修工作中所需耗材

维修工作中所需耗材用 6 位字码表示,其中第 1 位字码用英文字母表示材料的类别,如表 3-7 所示。

表 3-7 耗材代码及其含义

类 型 代 码	表示的含义
A	胶粘剂,黏合剂,封严胶
B	清洁剂,抛光剂
C	表面涂层材料
D	润滑剂(滑油,油脂,干粉润滑)
E	退漆剂
F	焊接材料
G	其他材料

举例如下:D00196 Fluid-Hydraulic, Fire-Resistant, BMS 3-11,其中,D00196 即为消耗材料的辨别号。

3.4.3 飞机维修手册的查阅

AMM 查阅使用举例

例 1 某飞机修理厂对注册号为 B-2693 的 B737-800 飞机进行维修,工作中需拆装飞机的电动液压泵,为此,需详细了解电动液压泵的拆装程序,请问应如何查找到所需资料?

具体查找步骤如下:

(1)根据所维修的工作内容以及飞机的注册号或者机型号,确定要查找的手册种类。

在本例中,需要查阅飞机电动液压泵的拆装程序,已知飞机注册号和机型号,所以,应查阅 B737-600/700/800/900 飞机的 AMM。

(2)根据所要查找的内容,确定其属于哪个系统与章节。

本例已知查找电动液压泵的拆装程序,电动液压泵属于液压系统,而液压系统的内容在 AMM 的第 29 章。实际工作中，通常都知道工作内容属于哪个系统。

（3）查阅所查章的目录

为了尽快找到所需查找内容，通常查阅该章的目录。本例查阅第 29 章的目录，从目录栏中查到 29-11-21、401 液压 A 和 B 系统电动液压泵（29-11-21，401 HYDRAULIC SYSTEM A AND B ELECTRIC MOTOR-DRIVEN PUMO (EMDP)），选择该条目录。

（4）查阅具体的拆装程序内容

本例翻至 29-11-21 中 P.401 页，其拆装工作程序如图 3-34 所示。

```
HYDRAULIC SYSTEMS A AND B ELECTRIC MOTOR-DRIVEN PUMP (EMDP) -
                        REMOVAL/INSTALLATION

1. General
   A. This procedure has these task:
      (1) A removal of an electric motor-driven pump (EMDP)
      (2) An installation of an EMDP.
   B. This procedure is applicable for the hydraulic systems A and B. EMDPs.

   TASK 29-11-21-000-802

2. Electric Motor-Driven Pump (EMDP) Removal (Fig. 401)
   A. References
      (1) AMM TASK 29-11-01-860-802 p201, Hydraulic Reservoirs
                                          Depressurization
      (2) AMM TASK 29-11-27-000-801 p401, Hydraulic Systems A and B Electric
                                          Motor-Driven Pump (EMDP) Acoustic
                                          Filter Removal
   B. Equipment
```

图 3-34 电动液压泵的拆装程序

例 2 某飞机修理厂对注册号为 B-6269 的 A320-214 飞机进行维修，工作中需调节发动机反推阻流门，为此，需详细了解发动机阻流门的调节程序，请问应如何查找到所需资料？

具体查找步骤如下：

（1）根据所维修的工作内容以及飞机的注册号或者机型号，确定要查找的手册种类。

在本例中，需要查阅发动机阻流门的调节程序，已知飞机注册号和机型号，所以，应查阅 A319/A320/A321 飞机的 AMM。

（2）根据所要查找的内容，确定其属于哪个系统与章节。

本例已知查找发动机阻流门的调节程序，发动机反推结构是 AMM 的第 78 章的内容。实际工作中，通常都知道工作内容属于哪个系统。

（3）查阅所查章的目录

为了尽快找到所需查找内容，通常查阅该章的目录。本例查阅 78 章的目

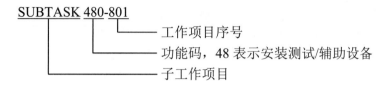

6. 维修工作中所需耗材

维修工作中所需耗材用 6 位字码表示，其中第 1 位字码用英文字母表示材料的类别，如表 3-7 所示。

表 3-7 耗材代码及其含义

类 型 代 码	表示的含义
A	胶粘剂，黏合剂，封严胶
B	清洁剂，抛光剂
C	表面涂层材料
D	润滑剂（滑油，油脂，干粉润滑）
E	退漆剂
F	焊接材料
G	其他材料

举例如下：D00196 Fluid-Hydraulic, Fire-Resistant, BMS 3-11，其中，D00196 即为消耗材料的辨别号。

3.4.3 飞机维修手册的查阅

AMM 查阅使用举例

例 1 某飞机修理厂对注册号为 B-2693 的 B737-800 飞机进行维修，工作中需拆装飞机的电动液压泵，为此，需详细了解电动液压泵的拆装程序，请问应如何查找到所需资料？

具体查找步骤如下：

（1）根据所维修的工作内容以及飞机的注册号或者机型号，确定要查找的手册种类。

在本例中，需要查阅飞机电动液压泵的拆装程序，已知飞机注册号和机型号，所以，应查阅 B737-600/700/800/900 飞机的 AMM。

（2）根据所要查找的内容，确定其属于哪个系统与章节。

本例已知查找电动液压泵的拆装程序，电动液压泵属于液压系统，而液压系统的内容在 AMM 的第 29 章。实际工作中，通常都知道工作内容属于哪个系统。

（3）查阅所查章的目录

为了尽快找到所需查找内容，通常查阅该章的目录。本例查阅第 29 章的目录，从目录栏中查到 29-11-21、401 液压 A 和 B 系统电动液压泵（29-11-21，401 HYDRAULIC SYSTEM A AND B ELECTRIC MOTOR-DRIVEN PUMO (EMDP)），选择该条目录。

（4）查阅具体的拆装程序内容

本例翻至 29-11-21 中 P.401 页，其拆装工作程序如图 3-34 所示。

```
         HYDRAULIC SYSTEMS A AND B ELECTRIC MOTOR-DRIVEN PUMP (EMDP) -
                              REMOVAL/INSTALLATION

1.  General
    A.  This procedure has these task:
        (1) A removal of an electric motor-driven pump (EMDP)
        (2) An installation of an EMDP.
    B.  This procedure is applicable for the hydraulic systems A and B. EMDPs.

        TASK 29-11-21-000-802

2.  Electric Motor-Driven Pump (EMDP) Removal (Fig. 401)
    A.  References
        (1) AMM TASK 29-11-01-860-802 p201, Hydraulic Reservoirs
                                           Depressurization
        (2) AMM TASK 29-11-27-000-801 p401, Hydraulic Systems A and B Electric
                                           Motor-Driven Pump (EMDP) Acoustic
                                           Filter Removal
    B.  Equipment
```

图 3-34 电动液压泵的拆装程序

例 2 某飞机修理厂对注册号为 B-6269 的 A320-214 飞机进行维修，工作中需调节发动机反推阻流门，为此，需详细了解发动机阻流门的调节程序，请问应如何查找到所需资料？

具体查找步骤如下：

（1）根据所维修的工作内容以及飞机的注册号或者机型号，确定要查找的手册种类。

在本例中，需要查阅发动机阻流门的调节程序，已知飞机注册号和机型号，所以，应查阅 A319/A320/A321 飞机的 AMM。

（2）根据所要查找的内容，确定其属于哪个系统与章节。

本例已知查找发动机阻流门的调节程序，发动机反推结构是 AMM 的第 78 章的内容。实际工作中，通常都知道工作内容属于哪个系统。

（3）查阅所查章的目录

为了尽快找到所需查找内容，通常查阅该章的目录。本例查阅 78 章的目录，从目录栏中查到 78-32-41/501，选择该条目录，显示内容为阻流门调节/测试（DOOR-BLOCKER- ADJUSTMENT/TEST）。

（4）查阅具体的拆装程序内容

本例翻至 78-32-41 中 P.501 页，其调节工作程序如图 3-35 所示。

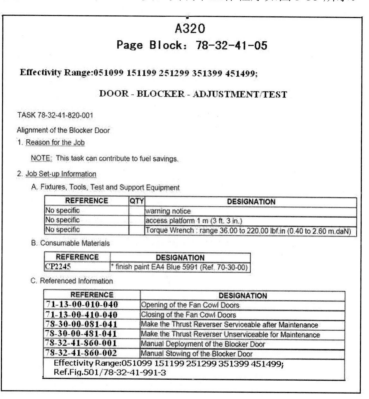

图 3-35　发动机阻流门的调节程序

3.5　其他常用飞机维修手册简介

3.5.1　图解零件目录（ILLUSTRATED PARTS CATALOG，IPC）

1. 概述

图解零件目录是飞机生产厂家提供的主要用于航线可更换件的识别、维护及备件的手册。它在实际应用中主要有两个功能：

（1）提供可更换件的位置识别和装配关系等维护信息，为航线维护提供方便。

（2）为航材部门备件计划提供信息，通过 IPC 手册可以查到与零件相关的数量、有效性、厂家等信息。

IPC 手册是客户化手册，由飞机生产厂家提供给特定客户，并进行定期修订更新。需要注意的是，IPC 手册仅是针对零件目录的客户化，手册中的插图是面向所有客户的。所以可能会出现这样的情况：插图上有的零件项目，在某一特定航空公司的零件清单中没有对应的项目，这时在零件的清单下方会标明"缺少了的项目不适用"，提醒客户不要过度关注清单中的缺失项目。

IPC 手册也是根据 ATA100 规范编制的，其章节安排与前面介绍的 SRM 和 AMM 基本相同，这里不再赘述。

2．IPC 的分类

根据提供手册的厂家不同，常用的 IPC 分为 3 类：

- 飞机生产厂家提供的飞机图解零件目录（AIPC）（如图 3-36 所示）

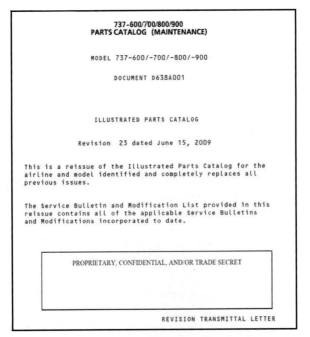

图 3-36　飞机图解零件目录（AIPC）

- 发动机厂家提供的发动机图解零件目录（EIPC 或 PIPC）（如图 3-37 所示）

英国罗罗发动机公司

Illustrated Parts Catalog

RB211-535E4-37/10
in the Boeing 757

THIS ILLUSTRATED PARTS CATALOG (IPC) IS DESIGNED TO ASSIST OPERATORS OF ROLLS-ROYCE PRODUCTS AND THEIR MAINTENANCE CONTRACTORS IN IDENTIFICATION AND REQUISITION OF REPLACEABLE PARTS AND UNITS. THE SERVICE BULLETIN, REPAIR SCHEME AND/OR ENGINE MANUAL ARE THE AUTHORITATIVE DOCUMENTS ON OVERHAUL AND REPAIR PROCEDURES. SERVICE BULLETINS AND REPAIR SCHEMES ARE THE ONLY DOCUMENTS USED TO NOTIFY THE OPERATORS OF CHANGES TO THE EFFECTIVITY OF PARTS. WHERE ADDITIONAL PARTS ARE INTRODUCED TO, OR EXISTING PARTS ARE DELETED FROM, AN ENGINE BY A SERVICE BULLETIN OR REPAIR SCHEME, THE RELEVANT SERVICE BULLETIN OR REPAIR SCHEME IS THE AUTHORITATIVE DOCUMENT FOR THE PURPOSE OF EFFECTIVITY. ANY CONFLICT BETWEEN THE SERVICE BULLETIN, REPAIR SCHEME, ENGINE MANUAL AND IPC SHOULD BE IMMEDIATELY NOTIFIED TO ROLLS-ROYCE PLC.

图 3-37　发动机图解零件目录（EIPC 或 PIPC）

- 部件生产厂家提供的部件图解零件目录（IPL）（如图 3-38 所示）

XXXXXXX **AEROSTRUCTURES**

COMPONENT MAINTENANCE MANUAL
Part Nos. 740-1094 and 745-1101

COMMON NOZZLE ASSEMBLY - ILLUSTRATED PARTS LIST

Task 78-11-11-830-003

Illustrated Parts List of the Common Nozzle Assembly

1. Illustrated Parts List

A. Introduction and Purpose

(1) This section has the illustration and breakdown of the parts for the assembly which can be disassembled, repaired, or replaced and reassembled.

(2) This section contains a parts list consisting of five columns: FIG and ITEM, PART NUMBER, NOMENCLATURE, USAGE CODE, and UNITS PER ASSY.

B. Explanation and Usage

(1) The FIGURE and ITEM column gives the figure number and the item number for each detailed part. The figure number is given once

number for each detailed part. The figure number is given once at the top of the column. Each part is called out by an item number. Any part which is not illustrated will have an item number preceded by a dash (-).

(2) The PART NUMBER column gives Goodrich, vendor, and government standard part numbers for each detail part. Always use the part number exactly as listed when procuring parts.

(3) The NOMENCLATURE column gives the description and nomenclature of the detail part.

(a) If a part is not manufactured by Goodrich, a vendor is given. The name and address of each vendor is given at the end of this section.

V2500　**78-11-11**　IPL INTRODUCTION
Page 10001.1

图 3-38　部件图解零件目录（IPL）

在实际应用时，首先需要知道不同零部件的厂家信息，然后查阅对应厂家、对应产品型号的 IPC 手册。有时，这些手册也可以相互索引，比如在 AIPC 上就会提供某些部件的厂家手册（CMM、IPL 等）信息。

3．IPC 手册的编排结构

IPC 手册由两部分组成：扉页部分和正文部分。

扉页部分包括以下信息：

- 封面。提供手册名、手册适用机型及版权声明等信息。
- 版本信息。提供本版本的版本号及修订日期。
- 修订信息。提供本次修订中扉页部分和正文部分详细的修订信息，包括修订页码和发生的修订行为。修订行为包括内容更改（CHANGED）、内容删除（DELETED）和内容增加（ADDED）。
- 手册使用说明。介绍手册的组成、件号系统及举例说明如何使用手册。
- 飞机有效性索引。提供对本手册有效的飞机列表。前面介绍过，IPC 手册是客户化手册，所以在查阅 IPC 之前，必须通过本部分的信息核准手册是否有效。例如，通过 IPC 手册查找注册号为 B-2695 飞机的某一零件，则需按图 3-39 所示方法核准飞机有效性。

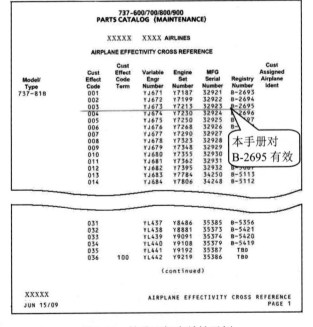

图 3-39　核准飞机有效性示例

- 飞机的区域及站位信息。为准确定位零部件在飞机上的位置，各厂家根据各自的原则把飞机各部分划分为不同的区域，给出站位图。
- 供货商信息。提供 IPC 上列出的零部件供应商的代码、名称及其联系方式，以方便订货。
- 资料信息。提供相关图纸、服务通告、改装、规范等信息。
- 件号索引列表。通常厂家会提供按数字顺序和按字母顺序两种方式列出件号的列表，同时提供与件号对应的该件所在的章节。

IPC 手册的正文部分按 ATA 100 规范给出每一个功能章节的图解和零件目录。每一章又包括以下部分：

- 目录部分。目录部分提供该章每一页的修订有效性信息和主体内容的目录清单。修订有效性的信息如图 3-40 所示，主体内容目录清单如图 3-41 所示。

737-600/700/800/900
PARTS CATALOG (MAINTENANCE)

CH-SECT-UNIT-FIG	PAGE NO.	DATE
*27	1	JUN 15/09
*27	2	JUN 15/09
*27	3	JUN 15/09
*27	4	JUN 15/09
*27	5	JUN 15/09
*27	6	JUN 15/09
*27	7	JUN 15/09
*27	8	JUN 15/09
*27	9	JUN 15/09
*27	10	JUN 15/09
*27	11	JUN 15/09
*27	12	JUN 15/09
*27	13	JUN 15/09
*27	14	JUN 15/09
*27	15	JUN 15/09
*27	16	JUN 15/09
*27	17	JUN 15/09
*27	18	JUN 15/09
*27	19	JUN 15/09
*27	20	JUN 15/09
*27	21	JUN 15/09
*27	22	JUN 15/09
*27	23	JUN 15/09
*27	24	JUN 15/09
*27	25	JUN 15/09
*27	26	JUN 15/09
*27	27	JUN 15/09
*27	28	JUN 15/09
*27	29	JUN 15/09
*27	30	JUN 15/09
*27	31	JUN 15/09
27-00-00	1	OCT 10/06
27-00-00- 1	0	OCT 10/06
27-00-00- 1	1	JUN 15/08
27-00-00- 2	0	JUN 15/08
27-00-00- 2	1	JUN 15/08
27-00-00- 3A	0	FEB 15/09
*27-00-00- 3A	1	JUN 15/09
27-00-00- 4	0	JUN 15/08
27-00-00- 4	1	JUN 15/08
27-00-00- 6	0	OCT 10/06
27-00-00- 6	1	JUN 15/08
27-00-00- 6A	0	OCT 10/06
27-00-00- 6A	1	JUN 15/08
27-00-00-17	0	OCT 10/06
27-00-00-17	1	JUN 15/08
27-00-00-17	2	JUN 15/08
27-00-00-17A	0	OCT 10/06
27-00-00-17A	1	JUN 15/08
27-00-00-17A	2	JUN 15/08
27-00-00-17A	3	JUN 15/08

CH-SECT-UNIT-FIG	PAGE NO.	DATE
27-00-00-17B	0	OCT 10/06
27-00-00-17B	1	JUN 15/08
27-00-00-18A	0	OCT 10/06
27-00-00-18A	1	JUN 15/08
27-00-00-18A	2	JUN 15/08
27-00-00-18A	3	JUN 15/08
27-00-00-18A	4	JUN 15/08
27-00-00-18A	5	JUN 15/08
27-00-00-19A	0	OCT 10/06
27-00-00-19A	1	JUN 15/08
27-00-00-19A	2	JUN 15/08
27-00-00-19A	3	JUN 15/08
27-00-00-19A	4	JUN 15/08
27-00-00-20A	0	OCT 10/06
27-00-00-20A	1	JUN 15/08
27-00-00-23C	0	JUN 15/08
27-00-00-23C	1	JUN 15/08
27-00-00-24	0	OCT 10/06
27-00-00-24	1	JUN 15/08
27-00-00-25	0	JUN 15/08
27-00-00-25	1	JUN 15/08
27-00-00-25A	0	OCT 10/06
27-00-00-25A	1	JUN 15/08
27-00-00-25A	2	JUN 15/08
27-00-00-25A	3	JUN 15/08
27-00-00-25B	0	JUN 15/08
27-00-00-25B	1	JUN 15/08
27-00-00-25C	0	JUN 15/08
27-00-00-25C	1	JUN 15/08
27-00-00-26	0	OCT 10/06
27-00-00-26	1	JUN 15/08
27-00-00-26A	0	OCT 10/06
27-00-00-26A	1	JUN 15/08
27-00-00-26A	2	JUN 15/08
27-00-00-26A	3	JUN 15/08
27-00-00-26B	0	OCT 10/06
27-00-00-26B	1	JUN 15/08
27-00-00-26C	0	OCT 10/06
27-00-00-26C	1	JUN 15/08
27-00-00-26C	2	JUN 15/08
27-00-00-30	0	JUN 15/08
27-00-00-30	1	JUN 15/08
27-00-00-32	0	OCT 10/06
27-00-00-32	1	JUN 15/08
27-00-00-32A	0	OCT 10/06
27-00-00-32A	1	JUN 15/08
27-00-00-34	0	OCT 10/06
27-00-00-34	1	JUN 15/08
27-00-00-34	2	JUN 15/08
27-00-51- 4	0	FEB 10/07
27-00-51- 4	0A	OCT 10/06

* THE ASTERISK INDICATES PAGES CHANGED OR ADDED BY THE CURRENT REVISION

GUN
JUN 15/09

27 - LIST OF EFFECTIVE PAGES
PAGE 1

图 3-40　修订有效性的信息

```
737-600/700/800/900
PARTS CATALOG  (MAINTENANCE)

CHAPTER 27 — FLIGHT CONTROLS
TABLE OF CONTENTS

SUBJECT                                              CC-SS-UU   FIGURE   EFFECT

BRACKET INSTL-PULLEY ELEV CONTROLS STA               27-31-00     26     001100
 1064                                                                    155504
BRACKET INSTL-PULLEY ELEVATOR CONT,                  27-31-00     03
 STA 1088
BRACKET INSTL-PULLEY ELEVATOR CONTROLS               27-31-00     01
 STA 420
BRACKET INSTL-PULLEY ELEVATOR CONTROLS               27-31-00     07
 STA 727A
BRACKET INSTL-PULLEY ELEVATOR CONTROLS               27-31-00     24     001100
 STA 727F                                                                155504
BRACKET INSTL-PULLEY ELEVATOR CONTROLS               27-31-00     09     101154
 STA 747                                                                 505999
BRACKET INSTL-PULLEY, ELEVATOR                       27-31-00     02
 CONTROLS STA 460
BRACKET INSTL-PULLEY, ELEVATOR                       27-31-00     06
 CONTROLS, STA 727B
BRACKET INSTL-STA 1064 ELEV CONT PULLEY              27-31-00     13A    101154
                                                                         505999
BRACKET INSTL-STA 500B, ELEVATOR                     27-31-00     11
 CONTROLS PULLEY
BRACKET INSTL-STA 500C, ELEV CONTROLS                27-31-00     12
 PULLEY                                                                  155504
BRACKET INSTL-STA 767 ELEV CONT PULLEY               27-31-00     10     101154
                                                                         505999
BUSS ASSY-ELEV CONTROLS                              27-31-74     01
CLEVIS ASSY-VERT. FIN                                27-31-64     05
COLUMN INSTL-AIL. AND ELEV CONT                      27-31-51     01
 (FLIGHT CONTROLS ONLY)
COMPONENTS INSTL-ELEV CONT                           27-31-00     29
COMPONENTS INSTL-ELEV CONT SYS                       27-31-00     14     101154
                                                                         505999
COMPONENTS INSTL-ELEV CONT SYS                       27-31-00     30     001100
                                                                         155504
COMPONENTS INSTL-PUSH ROD SYS                        27-31-00     43
COMPUTER INSTL-FEEL                                  27-31-37     01
CONTROL INSTL-FEEL AND CENTERING                     27-31-64     01
 (FLIGHT CONTROLS ONLY)
CONTROL INSTL-STA 1156 BHD ELEV                      27-31-00     16


GUN                                                         27 - CONTENTS
JUN 15/09                                                         PAGE 10
```

图3-41 主体内容目录清单

- 主体内容部分。按章节目顺序给出飞机各组件的图解和对应的详细零件目录。
  - ➤ 图解部分表达了组件的安装位置和各相关件的安装关系，如图3-42所示。
  - ➤ 详细零件目录（如图3-43所示）显示了部件和组件与下一个更高级安装组件的相互关系，按照下列规则显示它们的组装顺序：

  1 2 3 4 5 6 7
  安装
  - 安装的详细部件
  - 组件
  - 组件的附件

————————————————

- · 组件的详细部件
- · 子组件
- · 子组件的附件

- · · 子组件的详细部件
- · · 子-子组件
- · · 子-子组件的附件

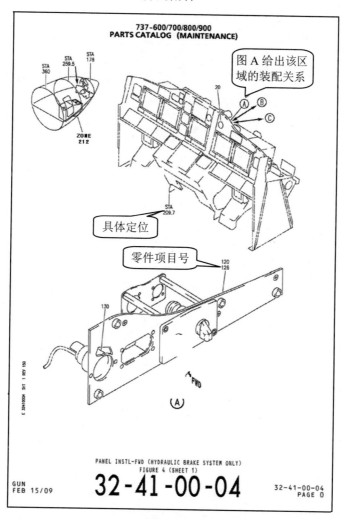

图 3-42　图解部分

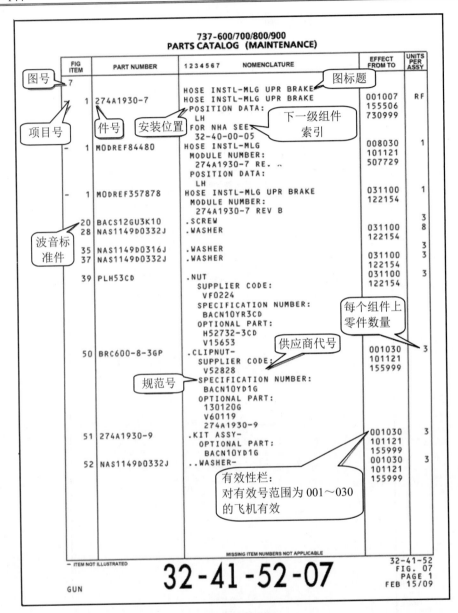

图 3-43 详细零件目录

详细零件目录中给出了丰富的信息,其中需要重点注意的是每个零件对应的飞机有效性,此有效性可以判定某个零件是否可以安装在对应的飞机上,或者判定某架飞机目前状态下是否安装了该件。飞机有效性在表中 EFFECT FROM TO 栏给出，一般用 6 位数字表示，其中前 3 位表示从该有效号起（含该号），后 3 位表示到该有效号止（含该有效号）。也可能出现有效性没有给出的情况，这表明该件对所有此 IPC 有效的飞机有效。

4．IPC 手册应用实例

在实际应用中，一般有以下两种情况需要使用 IPC 手册。
- 已知一个件的件号，通过件号查找它的位置及装配信息。
- 已知一个件的位置或功能，通过位置或功能查找件号。

下面分别举例说明其查找方法。

例 1 件号已知，查找件的位置

已知从飞机飞机号为 B-2695 的 B737-800 飞机上拆下一个件号为 274A1913-3 的支架，需查找该件在飞机上的安装位置。

解：

（1）确定查阅的 IPC 手册及该手册的有效性。

对于本例，根据 B737-800 飞机，确定应查找 B737-800 飞机的 IPC 手册；再根据飞机号 B2695，在该手册扉页（FM）的 AIRPLANE EFFECTIVITY CROSS REFERENCE 部分（参见图 3-39），查找到有 B2695 飞机，确认该手册对 B-2695 飞机有效。

（2）查找零构件对应的章节号、图号、项目号。

本例，根据件号 274A1913-3，查找 B737-800 飞机 IPC 手册扉页部分的件号索引列表（以数字排序）PART NUMBER NUMERICAL – ALPHA IDEX，在该表的 PAGE380 页中查得对应的章节号、图号、项目号：32-41-52 01A 170，如图 3-44 所示。

（3）根据零构件的章节号、图号、项目号，查阅 IPC 手册正文部分对应的章节，再根据项目号确定零构件的位置及其装配信息。

本例，根据零构件的章节号和图号 32-41-52-01A 查该手册正文部分的 32-41-52-01A，BRACKET INSTL-MLG LWR BRAKE HOSE。再根据项目号 170，在 32-41-52-01A 图解部分的页面 PAGE 0 (FIGURE 1A, SHEET 1)中，即可获得该支架的位置，如图 3-45 所示。其装配信息在 32-41-52-01A 图解部分的页面 PAGE 0C (FIGURE 1A, SHEET 4)中示出。在 32-41-52-01A 详细零件清单部分的页面 PAGE 3 中，可知项目号 170 为 BRACKET（支架），如图 3-46 所示。

737-600/700/800/900
PARTS CATALOG (MAINTENANCE)

274A0412-9 -- 2740029-3

PART NUMBER	CH-SECT-UNIT-FIG-ITEM	TTL. REQ.
274A0412-9		
	32-40-51 04A 35	4
274A1110-1		
	32-40-00 05 60	1
	32-41-31 01 1	RF
274A1115-1		
	32-41-31 01 135	2
274A1115-2		
	32-41-31 01 135	2
274A1120-1		
	32-41-31 01 50	1
274A1120-2		
	32-41-31 01 55	1
274A1130-1		
	32-41-31 01 60	1
274A1130-2		
	32-41-31 01 65	1
274A1130-3		
	32-41-31 01 90	1
274A1130-4		
	32-41-31 01 95	1
274A1210-1		
	32-40-00 05 5	1
	32-42-31 02 1	RF
274A1210-2		
	32-40-00 05 10	1
	32-42-31 02 300	RF
274A1220-1		
	32-40-00 05 15	1
	32-42-31 01 5	RF
274A1220-2		
	32-40-00 05 20	1
	32-42-31 01 10	RF
274A1310-2		
	32-40-00 05 25	1
	32-41-91 01 1	RF
	32-41-93 01 1	RF
274A1410-2		
	32-40-00 05E 20	1
	32-44-21 01 5	RF
274A1410-4		
	32-44-21 01 10	1
274A1410-5		
	32-40-00 05 30	1
	32-44-21 01 5	RF
274A1410-6		
	32-44-21 01 10	1
274A1510-1		
	32-40-00 05 35	1
	32-41-51 01 1	RF
274A1511-1		
	32-41-51 01 20	1
274A1520-2		
	32-40-00 05 40	1
	32-41-51 06 1	RF
274A1610-2		
	32-43-51 02 5	1
274A1610-3		
	32-40-00 05 95	1
	32-43-51 02 1	RF
274A1710-1		
	32-40-00 05 45	1
	32-42-71 01 1	RF
274A1711-1		
	32-42-71 01 5	2
274A1720-1		
	32-40-00 05 50	1
	32-41-95 01 5	RF
274A1720-2		
	32-40-00 05 55	1
	32-41-95 01 25	RF
274A1730-1		
	32-40-00 05 65	1
	32-41-95 02 5	RF
274A1730-2		
	32-40-00 05 70	1
	32-41-95 02 25	RF
274A1810-1		
	31-30-00 02 5	1
	31-31-60 01 1	RF
274A1811-1		
	31-31-60 01 35	1
274A1820-1		
	31-30-00 02 10	1
	31-31-60 02 1	RF
274A1830-1		
	31-30-00 02 15	1
	31-31-60 03 1	RF
274A1900-5		
	32-40-00 01 40	1
	32-41-52 06A 1	RF
274A1900-6		
	32-40-00 02 40	1
	32-41-52 06A 5	RF
274A1901-1		
	32-41-52 01A 175	2
274A1902-3		
	32-41-52 06A 65	2
274A1902-7		
	32-41-52 06A 60	2
274A1903-1		
	32-41-52 01A 150	2
274A1910-3		
	32-40-00 01 50	1
	32-41-52 01A 1	RF
274A1910-4		
	32-40-00 02 50	1
	32-41-52 01A 5	RF
274A1911-1		
	32-41-52 01A 40	1
274A1911-2		
	32-41-52 01A 45	1
274A1912-1		
	32-41-52 01A 95	1
274A1912-2		
	32-41-52 01A 100	1
274A1912-3		
	32-41-52 01A 105	1
274A1912-4		
	32-41-52 01A 110	1
274A1913-1		
	32-41-52 01A 125	1
274A1913-2		
	32-41-52 01A 130	1
274A1913-3		
	32-41-52 01A 170	2
274A1914-1		
	32-41-52 01A 25	2
274A1914-2		
	32-41-52 02 30	2
274A1920-3		
	32-40-00 01 60	1
	32-41-52 02 3	RF
274A1920-4		
	32-40-00 02 60	1
	32-41-52 02 7	RF
274A1921-3		
	32-41-52 02 47	1
274A1921-4		
	32-41-52 02 52	1
274A1922-1		
	32-41-52 02 70	1
274A1922-2		
	32-41-52 02 75	1
274A1923-3		
	32-41-52 02 120	1
274A1923-4		
	32-41-52 02 125	1
274A1923-7		
	32-41-52 02 140	1
274A1923-8		
	32-41-52 02 145	1
274A1924-11		
	32-41-52 02 117	2
274A1924-3		
	32-41-52 02 85	1
274A1924-4		
	32-41-52 02 95	1
274A1924-6		
	32-41-52 02 115	1
274A1924-7		
	32-41-52 02 55	1
274A1924-8		
	32-41-52 02 60	1
274A1930-7		
	32-40-00 05 215	1
	32-41-52 07 1	RF
274A1930-8		
	32-40-00 05 220	1
	32-41-52 08B 1	RF
274A1930-9		
	32-41-52 07 50	RF
	32-41-52 07 51	3
	32-41-52 08B 15	RF
	32-41-52 08B 17	3
274A1931-13		
	32-41-52 07 65	1
274A1931-14		
	32-41-52 08B 25	1
274A1931-15		
	32-41-52 08B 40	1
274A1945-1		
	32-41-52 01A 30	1
274A1945-2		
	32-41-52 01A 35	1
274A1946-1		
	32-09-01 01 128	1
274A1946-2		
	32-09-01 01 158	1
274A2300-2		
	32-40-00 05 85	1
	32-44-11 06 1	RF
274A2310-4		
	32-40-00 04 5	1
	32-40-51 02 1	RF
274A2311-1		
	32-40-51 02 190	1
	32-41-21 01 1	RF
274A2311-[illegible]		
	32-[illegible]	[illegible]
274A[illegible]		
	32-[illegible]	[illegible]
	32-[illegible]	[illegible]
274A2[illegible]		
	32-[illegible]	[illegible]
	32-41-2[illegible] 1	RF
274A2311-6		
	32-40-51 02 5	1
	32-41-21 02 1	RF
274A2800-1		
	32-40-00 05B 10	1
	32-41-81 01C 1	RF
274A2800-4		
	32-40-00 05C 5	1
	32-41-81 01 1	RF
274A2800-6		
	32-40-00 05C 5	1
	32-41-81 01 1	RF
274A2810-1		
	32-40-00 04 10	1
	32-41-21 03 1	RF
274A2811-1		
	32-41-21 03 215	2
274A2812-1		
	32-41-21 03 80	1
274A2812-2		
	32-41-21 03 85	1
274A2813-1		
	32-41-21 03 90	1
274A2813-2		
	32-41-21 03 95	1
274A2813-3		
	32-41-21 03 90	1
274A2813-4		
	32-41-21 03 95	1
274A2814-1		
	32-41-21 03 210	2
274A2815-1		
	32-41-21 03 172	2
274A2816-1		
	32-41-21 03 185	2
274A9160-1		
	57-50-00 35 190	1
274A9160-2		
	57-50-00 35 195	1
274A9161-1		
	57-50-00 35 216	1
274A9161-2		
	57-50-00 35 218	1
274A9162-1		
	57-50-00 35 220	1
274A9162-2		
	57-50-00 35 223	1
274A9162-3		
	57-50-00 35 245	1
274A9162-4		
	57-50-00 35 247	1
274A9410-5		
	32-40-00 04 25	1
	32-40-51 03A 1	RF
274A9411-5		
	32-40-51 03A 5	4
274A9411-6		
	32-40-51 03A 5	4
274A9412-5		
	32-40-51 03A 35	4
274A9430-1		
	32-40-00 05B 105	1
	32-40-00 05C 120	1
	32-41-51 02 1	RF
274A9430-2		
	[illegible]2-40-00 05B 110	1
	[illegible]40-00 05C 125	1
	[illegible]41-51 02 5	RF
[illegible]431-1		
	[illegible]41-51 02 30	1
[illegible]431-2		
	[illegible]41-51 02 35	1
[illegible]431-3		
	32-41-51 02 75	1
274A9431-4		
	32-41-51 02 80	1
274A9432-1		
	32-41-51 02 55	1
274A9432-2		
	32-41-51 02 60	1
274A9432-3		
	32-41-51 02 65	1
274A9432-4		
	32-41-51 02 70	1
274A9432-5		
	32-41-51 02 100	1
274A9432-6		
	32-41-51 02 105	1
274A9432-7		
	32-41-51 02 110	1
274A9432-8		
	32-41-51 02 115	1
274A9450-1		
	32-40-00 05B 125	1
	32-40-00 05C 130	1
	32-41-51 03 1	RF
274A9450-2		
	32-40-00 05B 130	1
	32-40-00 05C 135	1
	32-41-51 03 5	RF
274A9451-1		
	32-41-51 03 40	2
274A9451-2		
	32-41-51 03 70	2
274A9452-1		
	32-41-51 03 65	2
274A9452-2		
	32-41-51 03 95	2
274A9452-3		
	32-41-51 03 60	2
274A9452-4		
	32-41-51 03 90	2
274N1051-2		
	32-41-91 01 65	1
	32-41-93 01 50	1
274N1051-3		
	32-41-91 01 65	1
	32-41-93 01 50	1
274N1098-1		
	32-41-91 01 105	2
	32-41-93 01 90	2
274N1099-1		
	32-41-91 01 110	2
	32-41-93 01 95	2
274T0001-1		
	32-41-91 01 120	1
	32-41-93 01 105	1
274T4621-4		
	32-41-91 01 65	1
	32-41-93 01 50	1
274T4625-2		
	32-41-91 01 170	1
	32-41-93 01 155	1
274T4625-5		
	32-41-91 01 170	AR
	32-41-93 01 155	AR
274T4626-1		
	32-41-91 01 95	1
	32-41-93 01 80	1
274T4627-1		
	32-41-91 01 165	1
	32-41-93 01 150	1
274T4628-1		
	32-41-91 01 150	1
	32-41-93 01 135	1
274T4629-1		
	32-41-91 01 155	RF
	32-41-91 01 155	1
	32-41-93 01 140	RF
	32-41-93 01 140	1
274T4629-4		
	32-41-91 01 155	1
	32-41-91 01 155	RF
	32-41-93 01 140	1
	32-41-93 01 140	RF
2740028-2		
	21-51-10 01 120	1
	21-51-10 02 105	1
	21-51-10 03 135	1
	21-51-10 04 135	1
	21-61-21 01 290	3
	21-61-21 02 310	3
2740029-3		
	21-51-10 01 125	RF
	21-51-10 02 110	RF

查找的件及对应章节、图号、项目号

PART NUMBER NUMERICAL-ALPHA INDEX
PAGE 380

JUN 15/09

图 3-44　通过件号索引列表查找件号

学习情境 3　飞机维修手册和技术文件的使用　　　　·147·

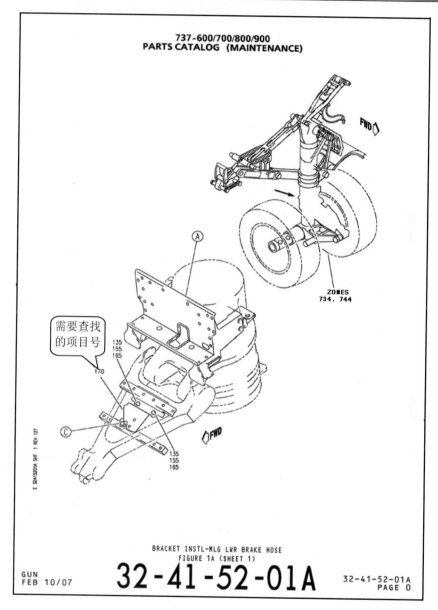

图 3-45　查找具体章节——图解部分

```
                    737-600/700/800/900
                   PARTS CATALOG (MAINTENANCE)
   FIG                                          EFFECT     UNITS
   ITEM   PART NUMBER   1234567  NOMENCLATURE   FROM TO    PER
                                                           ASSY
   1A
    125   274A1913-1             ..BRACKET-                  1
                                   POSITION DATA:
                                   LH SIDE
   -130   274A1913-2             ..BRACKET-                  1
                                   POSITION DATA:
                                   RH SIDE
    135   BACS12GU4K16           .SCREW                      2
    140   BACB30NR4K35           .BOLT                       2
    145   NAS43DD4-44FC          .SPACER                     2
    150   274A1903-1             .SPACER                     1
    155   NAS1149D0432J          .WASHER                     6
    160   NAS1149D0463J          .WASHER                     2
    165   PLH54CD                .NUT                        4
                                  SUPPLIER CODE:
                                   VF0224
                                  SPECIFICATION NUMBER:
                                   BACN10YR4CD
                                  OPTIONAL PART:
                                   H52732-4CD
                                   V15653
    170   274A1913-3             .BRACKET                    1
    175   274A1901-1             .BRACKET                    1

                              MISSING ITEM NUMBERS NOT APPLICABLE
   - ITEM NOT ILLUSTRATED                          32-41-52
                    32-41-52-01A                   FIG. 01A
   GUN                                             PAGE 3
                                                   FEB 15/09
```

（需要查找的件）

图 3-46　查找具体章节——详细零件清单部分

例 2　件号位置已知，查找件号及该件的相关信息

已知机型为 B737-800、飞机号为 B-2695 的飞机主起落架下刹车位置发现一软管损坏，需进行更换，请查找该件件号。

解：

（1）确定查阅的 IPC 手册及该手册的有效性。

本例与例 1 相同，确定应查找 B737-800 飞机的 IPC 手册而且有效，参见图 3-39 所示。

（2）根据前面介绍的关于 ATA 章节的知识可以确定需查找手册的 32 章，再根据该件是主起落架下刹车组件上的一个零件，在 IPC 手册的目录 32 章中

试查或者在查阅电子版手册中输入刹车的英文单词 BRAKE 自动收索,最后查得 HOSE INSTL-MLG LWR BRAKES 32-41-52 06A。即,起落架下刹车组件所在的章节是 32-41-52,图号是 06A,其中项目号 10 为要查找的件,如图 3-47 所示。

(3)查找该图解对应的详细零件目录,获取该件的件号及订货信息。

在该手册 32-41-52 06A、页面 PAGE 1 的 FIG. ITEM 栏中,查得项目号 10 是 HOSE ASSY(软管组件),同时也查得:零件号(PART NUMER)为 AS154A04EE0320B,供应商代码(SUPPLIER CODE)为 V00624,如图 3-48 所示。

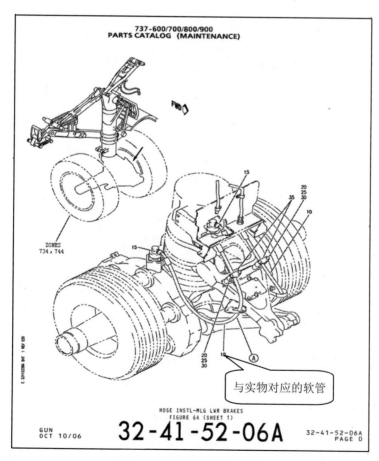

图 3-47 查找所在章节及图号

```
                    737-600/700/800/900
                   PARTS CATALOG (MAINTENANCE)
   FIG                                              EFFECT      UNITS
   ITEM   PART NUMBER    1234567   NOMENCLATURE    FROM TO      PER
                                                                ASSY
   6A
                                  HOSE INSTL-MLG LWR BRAKES
   -  1   274A1900-5     HOSE INSTL-MLG LWR BRAKES 001007       RF
                                  POSITION DATA:   155506
                                  LH               730999
                                  FOR NHA SEE:
                                  32-40-00-01
   -  1   MODREF84474    HOSE INSTL-MLG LWR BRAKES 008154       1
                                  MODULE NUMBER:   507729
                                  274A1900-5 REV A
                                  POSITION DATA:
                                  LH
   -  5   274A1900-6     HOSE INSTL-MLG LWR BRAKES 001007       RF
                                  POSITION DATA:   155506
                                  RH               730999
                                  FOR NHA SEE:
                                  32-40-00-02
   -  5   MODREF84475    HOSE INSTL-MLG LWR BRAKES 008154       1
                                  MODULE NUMBER:   507729
                                  274A1900-6 REV A
                                  POSITION DATA:
                                  RH
     10   AS154A04EE0320B .HOSE ASSY                            2
                                  SUPPLIER CODE:
                                  V00624
                                  SPECIFICATION NUMBER:
                                  BACH8A04EE0320B
                                  OPTIONAL PART:
                                  B472-4EE0320B
                                  V98441
                                  97934A04EE0320B
                                  V78570
                                  R291204EE0320B
                                  V50599
     15   BACE21BR0606P  .ELBOW                                 2
     20   BACB30NR4K31   .BOLT                                  4
     25   NAS1149D0432J  .WASHER                                8
     30   PLH54CD        .NUT                                   4
                                  SUPPLIER CODE:
                                  VF0224
                                  SPECIFICATION NUMBER:
                                  BACN10YR4CD
                                  OPTIONAL PART:
                                  H52732-4CD
                                  V15653
     35   287N6115-3     .GUIDE                                 4
     40   BACB30NR4K15   .BOLT                                  4
     45   NAS43DD4-44FC  .SPACER                                4
     50   NAS1149D0432J  .WASHER                                8

   - ITEM NOT ILLUSTRATED         MISSING ITEM NUMBERS NOT APPLICABLE   32-41-52
                                                                       FIG. 06A
              32-41-52-06A                                              PAGE 1
   GUN                                                                  FEB 15/09
```

(件号及订货信息)

图 3-48　查找详细零件目录

3.5.2　腐蚀防护手册（Corrosion Prevention Manual，CPM）

腐蚀防护手册属于通用性手册，通常也称为防腐手册。该手册分为 3 个部分：第 1 部分为通用资料；第 2 部分为防腐预防性维护；第 3 部分为腐蚀清除及防腐系统修复方法。

- 通用资料。该部分主要介绍了腐蚀的产生原因、腐蚀机理、腐蚀形式和识别方法、检查手段、产生腐蚀的环境因素、腐蚀清除技术、典型的处理方法和标准预防维护方法。这部分内容适用于所有波音系列飞机，是飞机防腐防护工作的基础。

- 防腐预防性维护。根据不同的机型分别用独立的章节介绍了货舱设备、应急设备、机身主结构、机身辅助结构、机身蒙皮（内、外表面）、机翼蒙皮等的防腐预防措施。本部分还分别介绍了不同结构部位所使用的原材料牌号、表面处理情况、阳极化层情况、喷漆、防锈涂层和封严胶等内容。
- 腐蚀清除和防腐系统的修理。该部分详细介绍了不同结构部位容易产生腐蚀的原因、腐蚀类型以及对腐蚀的处理方法。如厨房、厕所、水系统、液力油、滑油系统、冷气系统、客/货舱等部位一旦出现了结构/系统腐蚀，可按本部分相应章节内容进行处理。

3.5.3 服务文件

飞机机务维修工作中还会遇到适航指令、咨询通告、服务通告和维修服务信函等文件。下面对它们进行简单介绍。

1. 适航指令（Airworthiness Directives，AD）

适航指令是一种把某机型飞机、发动机或者某种装置由于设计缺陷、维护或者其他原因可能存在不安全状况通知给飞机所有者以及其他对该型飞机有利害关系人员的适航文件。

适航指令的内容包括飞机、发动机或其他机载设备的型号及其相应的序号，以及不安全情况的说明和纠正或者改进措施等。

适航指令可以分为以下两类：
- 紧急的，需立即遵照执行。
- 较不紧急的，可在指定时期内遵照执行。

适航指令是规章性质的文件，必须遵照执行，除非授予了具体的豁免条件。确保遵守所有相关的适航指令是飞机所有者和运营者的责任，包括那些要求循环和连续执行的适航指令。

适航指令由民航局或者由民航局授权的部门颁发。我国的《民用航空器适航指令规定》（民航局令第8号　1990年6月13日）规定当民用航空产品处于下述情况之一时，颁发适航指令：
- 某一民用航空产品存在不安全的状态，并且这种状态很可能存在于或发生于同型号设计的其他民用航空产品之中。
- 发现民用航空产品没有按照该产品型号合格证批准的设计标准生产。

- 外国适航当局颁发的适航指令涉及在中国登记注册的民用航空产品[①]。

中国民用航空局颁发的每一份适航指令均以书面形式颁发；紧急情况时，以电报的形式颁发，但随后补发书面适航指令。每一份适航指令均有统一的编号，并成为本规定的一部分。

所有适航指令和半月的适航指令都可以通过登录网站 http://www.airweb.faa.gov/rgl 免费获得。

2．咨询通告（Advisory Circular，AC）

咨询通告是适航部门向公众公开的对适航管理工作的政策，以及某些具有普遍性的技术问题的解释性、说明性、推荐性或者指导性文件。例如，AC-61R1-3 民用航空器部件修理人员执照考试大纲和 AC-147-2 民用航空器维修基础培训大纲等。

3．服务通告（Service Bulletins，SB）

服务通告是机体、发动机和部件制造厂家向用户提供服务的通告传单，用户借此可以评估自己的手册修改状态。从清单中可以查明，某些通告对手册没有影响（无须修改手册）；某些通告影响手册并已完成了手册的修改；某些则列出计划修改日期，此清单是工程部门控制手册状态的重要依据。

服务通告不具有强制性，但如果和 AD 相对应，就必须执行。服务通告接收单位（如航空公司）通常会由工程部门执行 SB 评估工作，决定是否适用本公司机队或者决定是否执行。航空公司可以根据具体情况按照服务通告的内容和要求完成相应的工作，也可决定不执行、暂缓执行或者有选择地部分执行服务通告的内容和要求。

服务通告通常包括下列内容：
- 印发该出版物的目的。
- 与此有关的机体、发动机或者部件的名称。
- 服务、调整、改装或者检查的详细说明以及需要说明的零件来源。
- 估计完成此工作所需的工时数。

复习思考题

1．常用的飞机维护和维修手册有哪些？

[①] 外国适航当局指批准民用航空产品型号合格证或等效文件的国家适航当局。

2．什么是客户化手册和非客户化手册？哪些常用的手册属于客户化手册？哪些常用的手册属于非客户化手册？

3．飞机维护和维修手册以哪些形式出现？

4．简述 ATA 100 规范有关手册章节编写的规则。

5．熟悉按照 ATA 100 规范编写的手册第 5 章~91 章及其主题名称。

6．飞机结构修理手册有哪些作用？

7．飞机结构修理手册是按哪种规则编写的？

8．飞机结构修理手册的扉页有哪些内容？

9．飞机结构修理手册的正文部分有哪些内容？

10．如何确定飞机结构修理手册对某架飞机的有效性？

11．在飞机手册的哪部分可以了解到该手册的修订情况？

12．在飞机手册中，对手册内容进行临时修改是如何表示的？

13．熟悉飞机结构修理手册的各个页码段所表达的主题内容。

14．飞机结构修理手册正文部分的每一章由哪 3 个部分组成？

15．熟悉飞机结构修理手册第 51 章的章节内容。

16．熟悉飞机结构修理手册第 52~57 章的章节内容。

17．简述查阅飞机结构修理手册的一般步骤。

18．飞机结构修理手册的查阅练习题：

（1）查阅 B737-800 飞机水平安定面的梁腹板的材料、厚度、可允许损伤和修理方案。

（2）查阅 737-500 飞机 43 段机身的桁条编号、厚度、材料的信息以及桁条可允许损伤的鉴定和桁条的修理方案。

（3）查阅 737-800 飞机 46 段 BS727~BS767 机身地板梁的材料、地板梁构件的允许损伤和座椅导轨位置处地板梁上缘条损伤的修理方案。

（4）查阅波音 737-800 飞机机翼结构油箱的构造、渗漏等级的划分以及渗漏修理方案。

（5）查阅波音 737-800 飞机通用去除腐蚀损伤的工艺规程及检查。

（6）查阅波音 737-800 飞机铝合金件采用阿洛丁处理的方法（阿洛丁 1200 溶液的准备、待涂阿洛丁铝合金件表面的准备和涂刷阿洛丁）。

（7）查阅波音 737-800 飞机结构件上孔修理冷冻塞的安装工艺程序。

（8）查阅波音 737-800 飞机紧固件安装与拆除。

（9）查阅空客 A320 飞机使用的紧固件。

（10）查阅空客 A320 飞机使用的紧固件配置。

（11）查阅空客 A320 飞机机翼蒙皮材料、厚度、允许损伤及其修理。

（12）查阅空客 A320 飞机舱门蒙皮材料、厚度、允许损伤及其修理。

19．查阅 B737-800 飞机 SRM 手册，查找：

（1）原材料为 CLAD 2024-T42，其可替换的材料牌号；

（2）紧固件扭矩值；

（3）紧固件孔尺寸——实心铆钉孔尺寸、拉铆钉孔尺寸、螺栓孔尺寸、液密紧固件孔尺寸；

（4）钻止裂孔的程序；

（5）标准铝合金实芯铆钉的铆接厚度（范围）；

（6）铝合金刷涂化学转化层的方法；

（7）从蜂窝夹芯结构去除水分的程序；

（8）在机身两根桁条之间蒙皮损伤的填平修理；

（9）机身 44 段框架 STA559 隔框的材料。

20．查阅波音 737-800 飞机 SRM 手册，查找：

（1）在石墨/环氧树脂材料上钻孔和铰孔的切削速度（转速和进给量）；

（2）薄壁钣金件上小凹坑的修理工艺；

（3）机身 43 段（站位 STA400 处）隔框组件的材料；

（4）机身 43 段折缝梁（Crease Beam）的允许损伤；

（5）舷窗、舱门和舱口盖渗漏的检测/检查；

（6）机身 41 段蒙皮的允许损伤；

（7）在桁条处机身蒙皮的外部修理；

（8）机身 43 段龙骨梁下腹板损伤的修理工艺。

21．如何利用 SRM 识别零部件？

22．飞机维修手册主要包括哪些内容？

23．飞机维修手册有哪些作用？

24．简述飞机维修手册编写规则。

25．飞机维修手册包含哪 4 个分组？第一分组和第二分组各有哪几章？

26．AMM 各个页码段所表达的主题内容是什么？

27．简述通常查阅飞机维修手册的步骤。

28．查阅 B 737-600/700/800/900AMM，查找：

（1）飞机拖曳程序；

（2）飞机勤务（润滑、外接电源、外接气源、加清洁水、排放废水）的程序，给 B737-800 型飞机水箱注水要求水压不大于多少；

（3）顶升飞机的程序；

（4）机翼结构油箱渗漏评估；

（5）飞机压力加燃油的程序；

（6）主起落架减震支柱勤务；

（7）机轮轴承失效/损伤条件；

（8）无喇叭口管接头组件的安装以及批准的修理；

（9）保险丝及其拆除/安装程序；

（10）飞机燃油系统关断活门的拆装程序；

（11）飞机主起落架轮胎的拆装程序；

（12）主起落架选择活门的拆装程序；

（13）主起落架收放机构的调整和测试程序；

（14）前起落架收放作动筒的拆装程序；

（15）飞机滑行灯泡的更换程序；

（16）飞机氧气系统日常维护时的安全措施；

（17）飞机机组氧气系统的勤务工作；

（18）飞机便携式氧气瓶压力检查；

（19）飞机气源系统压力传感器的拆装程序；

（20）飞机水箱增压系统测试；

（21）飞机机头雷达罩的拆装程序；

（22）飞机驾驶舱 1 号挡风窗户的拆装程序；

（23）飞机发动机安装座与安装螺栓的检查；

（24）飞机发动机附件齿轮箱的检查；

（25）飞机发动机压差开关的拆装程序。

29．查阅空客 A320AMM，查找：

（1）飞机载重与平衡时，计算飞机重心位置的公式；

（2）飞机最小转弯半径；

（3）飞机加、放燃油勤务工作的安全规程；

（4）对飞机静电放电敏感装置的防范措施；

（5）飞机空调系统空气混合装置的拆装程序；

（6）飞机飞行管理系统的调整与测试；

（7）飞机发动机火情或者过热探测装置的检查；

（8）副翼和液压作动筒的调整与测试；

（9）飞机燃油系统管路的拆装程序；

（10）飞机的 3 个主液压系统的名称、各主液压系统正常的油量是多少升，以及发动机驱动泵为哪个主液压系统提供动力；

（11）飞机起落架减震支柱压缩行程是多少；

（12）前起落架收放装置的检查程序；

（13）客舱应急照明装置的调整与测试；

（14）飞机结构受到液压油渗漏污染后的清洁处理程序；

（15）飞机中央翼的检查；

（16）飞机机翼（外翼）的检查；

（17）用力矩扳手拧紧发动机螺栓的程序；

（18）飞机发动机燃油总管的拆装程序。

30．简述 IPC 手册的作用和功能。

31．常用的 IPC 有哪几类？

32．简述已知一个件的件号，通过件号查找 IPC 获得它的位置信息的步骤。

33．简述已知一个件的位置或功能，通过其位置或功能来查找 IPC 获得该件件号的步骤。

34．已知 B2695 飞机一构件支架出现裂纹损伤，该构件号为 340-125-102-0，现需更换，请查找 IPC 手册获得其位置的信息。

35．已知 B2695 飞机前轮舱灯组件出现故障，现需更换，请查找 IPC 手册获得其件号的信息。

36．腐蚀防护手册含有哪些主要内容？

37．适航指令有什么作用？为什么适航指令必须遵守执行？在什么情况下民航局会发出适航指令？

38．咨询通告是什么性质的文件？

参 考 文 献

[1] 广州飞机维修工程有限公司政策与程序手册
[2] 中国民用航空规章 CCAR-121 和 CCAR-145 部
[3] 波音飞机培训手册
[4] Russ Schultz and Larry Smith. Blueprint Reading for the Machine Trades (Fifth Edition).
Pearson Education, Inc., Upper Saddle River, New Jersey, 2004
[5] 波音飞机结构修理手册
[6] 波音飞机维修手册
[7] 波音飞机 IPC 手册
[8] 黄昌龙．波音飞机金属结构修理实用技术．北京：航空工业出版社，2001